人類がもっと遠い

宇宙へ

行くための

ロケット入門

小泉宏之 著

インプレス

はじめに

2021年現在、宇宙開発は多くの新規プレーヤーが参入する新しい時代に入っています。昔のように国の宇宙機関や大手宇宙企業だけが活躍する場所ではありません。今後、宇宙に大きなエコシステムが築かれ、宇宙が万人に開かれる予感がします。そんな時だからこそ、より多くの人に夢物語だけではない本当の宇宙を伝え、多くの人を宇宙に巻き込みたい、そんな想いが近年、強くなっています。実際、宇宙好きの人はとてもたくさんいます。むしろ嫌いという人は見たことがありません。

宇宙へ飛び出すには夢だけではなく、膨大な科学と技術が必要ですが、一方でそれらが「壁」となっています。宇宙の強い魅力の1つはビジュアルです。夜空の星々だけでなく、数億km彼方の探査機が撮った映像や度肝を抜くスケールの打ち上げロケットなど、材料には困りません。これらの魅力を使えば、宇宙工学、ロケット工学、そして宇宙探査の面白さをより多くの人に伝えられるはずです。

2018年に『宇宙はどこまで行けるか』(中公新書)を上梓しました。

本書の編集者でもある畠山泰英氏ならびに中央公論新社の編集者である藤吉亮平氏との三身一体の執筆により、満足のいく本を送り出せました。数多くの書評が出て嬉しい言葉もいただきました。ただ、「そうはいってもむずかしい」といった感想もちらほら。こうした声にいつか応えたいと思っていました。そこで今回は新たに、インプレスの編集者である杉本律美氏、イラストレーターの三木謙次氏、デザイナーの西田美千子氏、アマナの瀧野哲史氏という、心強いチームを作り、宇宙の魅力にあふれた本を制作することにしたのです。本書では、人類が宇宙に進出するための入門書として、宇宙とロケットの「いろは」を綴りました。現時点の宇宙開発の実力と、将来の宇宙開発の方向性が図解でわかりやすく、そして楽しく伝われば幸いです。

2021年 6月　小泉宏之

私たちがナビゲートします！

宇宙に行きたい
マサオくん

ロケットのプロ！
コイズミ博士

もくじ

はじまるよ！

1章

宇宙ってどんなところ?

「ふわふわ浮いていられるのが宇宙」という人もいれば、「宇宙は暗くて寒いところ」という人もいるでしょう。本当にそうなのでしょうか? スマホで自分の位置を知ることができる「GPS衛星」や、「国際宇宙ステーション(ISS)」などの存在で、ぐっと身近に感じるようになってきた宇宙。本章では、手の届きそうな宇宙からはるか遠い太陽系の外まで旅をしながら、本当の宇宙の姿に迫っていきましょう。

ピーン

ロケットで
行けるんだよね!

すごく身近に なってきた宇宙

かつて宇宙へ行くためのロケットは、日本やアメリカやロシアといった「国」がプライドをかけて飛ばしました。ところが近年、世界中に有望なベンチャー企業が登場したことにより、技術と価格の競争が生じ、宇宙は新しいビジネスフィールドになりつつあります。

ボクも宇宙に
行けるかな？

 ## 1年間で20本のロケットを打ち上げる会社

　宇宙をめぐるライブ映像が、「YouTube」などで手軽に見られるようになりました。ロケット打ち上げから「国際宇宙ステーション（ISS）」に到着するまでを、搭載されたカメラが捉えた映像や、超小型衛星を宇宙空間に放出する様子は野口聡一飛行士の解説つきでした。その野口さんたちが着る宇宙服はスタイリッシュで、宇宙を身近に感じさせてくれます。

　ここ数年、「民間初の打ち上げ成功」「民間有人宇宙船、初の再利用」などのニュースが続くように、宇宙開発の世界では「民間」の活躍がめざましく、宇宙開発の流れが変わってきたことを実感します。かつては国のプライドをかけて飛ばしていたロケットが様変わりしているのです。こうした流れの中でもっとも注目を集めている企業が「スペースX」。ロケットの打ち上げ数は年間20本にのぼり、一部を再利用することでコスト削減をして、宇宙産業での存在感を増しています。

宇宙へ行く費用は100分の1に!?

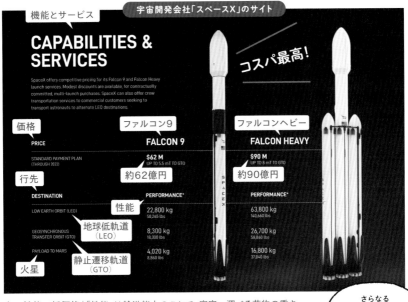

機能とサービス

宇宙開発会社「スペースX」のサイト

コスパ最高!

CAPABILITIES & SERVICES

SpaceX offers competitive pricing for its Falcon 9 and Falcon Heavy launch services. Modest discounts are available, for contractually committed, multi-launch purchases. SpaceX can also offer crew transportation services to commercial customers seeking to transport astronauts to alternate LEO destinations.

価格

ファルコン9 / **FALCON 9**

ファルコンヘビー / **FALCON HEAVY**

PRICE	FALCON 9	FALCON HEAVY
STANDARD PAYMENT PLAN (THROUGH 2022)	**$62 M** UP TO 5.5 mT TO GTO	**$90 M** UP TO 8 mT TO GTO
	約62億円	約90億円

行先

性能

DESTINATION	PERFORMANCE*	PERFORMANCE*
LOW EARTH ORBIT (LEO)	22,800 kg 50,265 lbs	63,800 kg 140,660 lbs
GEOSYNCHRONOUS TRANSFER ORBIT (GTO)	8,300 kg 18,300 lbs	26,700 kg 58,860 lbs
PAYLOAD TO MARS	4,020 kg 8,860 lbs	16,800 kg 37,040 lbs

地球低軌道（LEO）

静止遷移軌道（GTO）

火星

良い性能で低価格｜「性能」は輸送能力のことで、宇宙へ運べる荷物の重さ。ファルコン9はISSが飛ぶ地球低軌道に22t運べる（©SpaceX）。

さらなる
コスト削減のカギは
「再利用」（p.68）だよ。

　民間の宇宙開発会社「スペースX」のウェブサイトには、ロケットの値段が定価として掲載されています。誰でも見ることができるものですが、これは、かつての常識では信じられないことです。しかも、「ファルコン9」（図の左）の定価は「約62億円」というのが驚きの安さ！ いやいや高いと思うかもしれませんが、国産「H2Aロケット」をはじめ、世界の主力ロケットの値段は約100億円前後といわれています。さらに、輸送能力もH2Aロケットの倍近いために、とてもお得なロケットと言えるのです。

　「ファルコンヘビー」（図の右）は、「約90億円」と値段は張りますが、宇宙に運べる荷物の量はファルコン9の3〜4倍です。定価は1.5倍ですから、たくさんの荷物があるなら大変お得という訳です。

私たちの暮らしの中の宇宙

宇宙に飛んでいる装置を「宇宙機」と呼ぶよ。
その中で地球を回るのが「人工衛星」。
さまざまな人工衛星が、私たちの暮らしを
遠い宇宙から支えてくれているんだ。

通信衛星
高度 3万6,000km

地球観測衛星
高度 600km

ISS +人
高度 400km

光通信網

衛星通信局

海底ケーブル

GPS衛星
約30基
高度 2万km

放送衛星
赤道上空
高度 3万6,000km

気象衛星
高度
3万6,000
km

衛星通信局

携帯電話

テレビ局

衛星放送

光通信網

携帯電話基地局

TV

（出典：鹿島宇宙技術センターのサイトをもとに改変）

宇宙を飛ぶサッカー場ぐらい大きな有人施設

「国際宇宙ステーション（ISS）」

太陽電池

ロシアの居住モジュール
「ズヴェズダ」

ロシアの有人宇宙船
「ソユーズ」

いつか行って
みたいなあ。

欧州の実験棟
「コロンバス」

日本の実験棟
「きぼう」

結合モジュール

アメリカの実験棟「デスティニー」

15か国が参加して2011年完成｜全長108m、重さ420t。地球低軌道（LEO）を秒速7.7km/sで飛び、地球を約90分で1周する。太陽電池で発電した電力を使用（©NASA）。

　宇宙に配置したさまざまな装置を「宇宙機」あるいは「宇宙船」と呼びます。「ロケット」は宇宙機を宇宙へ運ぶための打ち上げ機。よく耳にする「人工衛星」は、宇宙機の一種で、地球を回っているものだけを指す呼び名です。宇宙機、ロケット、人工衛星の違いは本書を理解するうえで役に立ちますので、ぜひ覚えてください（詳しくはp.77）。

　さて、いまもっとも知られる宇宙機は「国際宇宙ステーション（ISS）」でしょう。地上からも見ることができ、宇宙飛行士によるSNSを通したメッセージが毎日のように届き、多くの人々の興味をかき立てています。ISSは、地球のまわりを回っている人工衛星で、その高度は400kmほど。距離にすると東京と大阪、大阪と宇部、札幌と盛岡くらいです。また地球の半径が約6,400kmなので、地球表面をなめるように飛んでいます。意外に身近な宇宙にいるのですね。

ISSに接続する"宇宙ホテル"構想

民間初の宇宙ステーション「アクステーション」

ISS には今後、ホテルや映画の撮影に使う計画もあるよ。

2024年から居住空間(モジュール)を接続開始|最終的には3つのモジュールを
接続して、ISSとは独立して地球低軌道(LEO)を回る計画(©Axiom Space)。

　これまで20年以上にわたり、人間が滞在してさまざまなミッションに
挑戦してきたISSは、これからの10年で大きく様変わりするかもしれま
せん。ISSは、日本を含む15か国が参加する国単位の国際プロジェクト
として運用されています。しかし、当初計画されていたISSの運用期限
はすでに過ぎており、少しずつ期限を延ばしながら先の見えない運用
を行っているのが実情です。

　一方で、今後、ISSの民間利用を本格化させる動きがあります。たと
えば、アメリカの民間航空宇宙会社「アクシオム・スペース」は、ISSに
接続してホテルとして利用できるモジュールを打ち上げる計画を進め
ています。現状のISSの内装はいかにも実験施設の趣ですが、同社製
のモジュールは、奇抜な発想で知られるフィリップ・スタルク氏が「快適
で心地いい卵」をテーマにデザインしています。

人工衛星は
落ちながら飛んでいる!

私たちの暮らしに役立っている人工衛星は「宇宙の窓」です。その人工衛星はエンジンを使わなくても地球のまわりを飛び続けることができます。実は、人工衛星は投げられたボールのように落ちていますが、地面にぶつからないので飛び続けられているのです。

なんで地球に
落ちてこないの?

 ## 地上で投げたボールは地面に落ちる

　地球のまわりの宇宙を飛ぶ人工衛星と、あなたが投げるボールは同じなんだよ、といったら驚きますよね。実はボールは人工衛星になれるのですが、いったいどうしたら? ということをこれから考えていきましょう。

　投げたボールが地面に落ちる、というのはいったいどういうことでしょう? 重力が働くので、ボールは地面のほうへカーブを描きます。そのまま進めたらいいのですが、地面に当たって動きが止まります。これが、投げたボールが地面に落ちるということです。そしてボールを人工衛星にするには、地面に当たらないようにすれば良いのです。

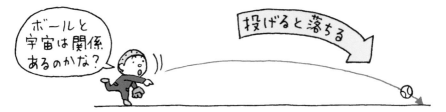

ボールと
宇宙は関係
あるのかな?

投げると落ちる

落ちずに回り続けるボールを生み出すには

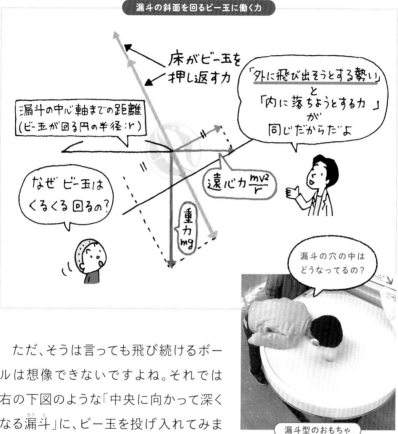

漏斗の斜面を回るビー玉に働く力

床がビー玉を押し返す力

漏斗の中心軸までの距離（ビー玉が回る円の半径：r）

「外に飛び出そうとする勢い」と「内に落ちようとする力」が同じだからだよ

なぜビー玉はくるくる回るの？

遠心力 $\frac{mv^2}{r}$

重力 mg

漏斗の穴の中はどうなってるの？

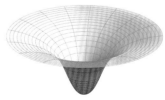

漏斗型のおもちゃ

ただ、そうは言っても飛び続けるボールは想像できないですよね。それでは右の下図のような「中央に向かって深くなる漏斗」に、ビー玉を投げ入れてみましょう。漏斗の縁からなだらかな坂にビー玉をゆっくり投げ入れると、玉は中央の穴に向かって落ちていきます。一方、漏斗の縁に円を描くように玉を勢いよく投げ入れると、玉はぐるぐる回って、何度か回旋した後に中央の穴へ落ちます。すぐに落ちずに回るのは「落ちようとする力」と「遠心力」が働くためです。

漏斗｜アサガオの花のように、真ん中の細い筒（穴）からまわりに広がる円錐状の形をしている。

漏斗を転がる人工衛星｜重い地球の影響で漏斗型になる重力の位置エネルギー。人工衛星はこの坂を転がるイメージ。

② 時間目

人工衛星が宇宙を飛び続ける2つの仕掛け

地面がない場合のボールの軌道（点線）

ISS

そもそも、ボールでも
人工衛星でも「万物は障害物
がなければ動き続ける」
性質をもっているんだよ。

もし地面が
なかったら

　人工衛星は、レーシングカーがサーキットを回るようにエンジンをつけて動いているわけではなく、「漏斗を転がるビー玉」に近いことはイメージできたでしょうか？ 実際のビー玉は穴に落ちてしまいますが、人工衛星が宇宙で飛び続けるためには、2つの"仕掛け"があります。

○ 1つ目の仕掛け

　1つ目は「万物は障害物がなければ動き続ける」という性質です。私たちのまわりでは、動き出したものはいつか止まります。しかし、それは何かが動きの障害となっているから。障害がなければビー玉もボールも、常に動き続けられるのです。さて、ここで、重力は「障害」になるのでしょうか？ ボールが地面に落ちるように、重力は動きを変化させる力をもっています。しかし、この重力はボールの「飛ぶ道」を変えはしますが、止めません。重力は障害にはならない特殊な力なのです（保存力）。

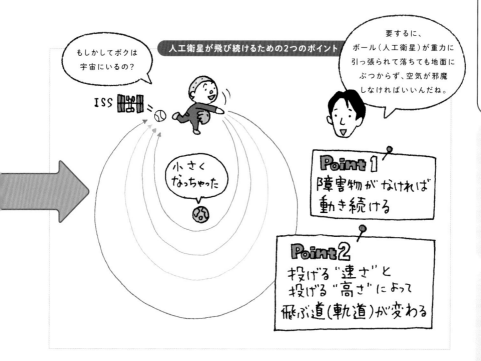

○ 2つ目の仕掛け

　「漏斗を転がるビー玉」で見たように、ボールの「飛ぶ道」はボールの速さと関係してきます。これが2つ目の仕掛け「出発時の速さと位置によって飛ぶ道が変わる」です。投げられたボールは地面に落ちて当たります。しかし、投げる速さにより飛ぶ道を変えられるのです。最初に投げたときの様子が図の青色の線だったとします。より速く投げることによって、その道は緑色、黄色、そして赤色の線に変化させることができます。そう、ボールの「飛ぶ道」が地球の"丸さ"と同じになれば、ボールは地面に当たることなく、戻ってくるのです。ボールが人工衛星になった瞬間です。この「飛ぶ道」のことを宇宙用語で「軌道」と呼びます。ただ、地上でボールを投げる場合、プロ野球選手でも遠投100mほどですから、地球を1周するにはとても速く投げる必要があるのです。

軌道は「速さ」と「高さ」で決まる

2つの仕掛けをまとめると、人工衛星に必要なことは「障害物に当たらない軌道を描けるように速さと高さを工夫する」となります。障害物という点では、地面のほかに大気（空気）があり、この2つの障害物を回避する1つの条件が「高度300kmで秒速7.7km/s」です。空気が邪魔にならない高さが300km、地面とぶつからない軌道をとるための速さが7.7km/sなのです。ただ、秒速7.7km/sというのは途方もない速さで、飛行機の32倍、フルマラソンを5.5秒ほどで終えてしまいます。

この速さを減らすために、2つ目の仕掛けにある「位置」を利用することもできます。同じ速さで投げるなら、投げる位置を高くするほど描く円は大きくなります。十分な高さから投げれば、地面に当たっていたボール（p.16図の青色・緑色・黄色の線）も長い円の軌道を飛べるのです。つまり、すごく高いところから投げることで、速さを減らすことができま

人工衛星の軌道は丸いものなの？

もっと大きな速度で投げれば歪んだ円を飛ぶ人工衛星になるよ。人工衛星の軌道が丸いのは、たまたま地球が丸いからだよ。

人工衛星の高度・速度・周期

| 高度 | 速度 | 周期 |

ISS
400km | 7.7km/s | 1時間33分

ひさき
1,000km | 7.4km/s | 1時間45分

つばめ
200km | 7.8km/s | 1時間28分

ひまわり
3万6,000km | 3.1km/s | 23時間56分

（出典：JAXA宇宙教育センターの資料をもとに作成）

す。例えば、障害物を回避する別の条件として「高度3万6,000kmで秒速1.6km/s」があります（静止軌道〔GEO〕と地球低軌道〔LEO〕をむすぶ楕円になる）。

　地球の丸さに沿って飛ぶ「円軌道」や大きい楕円を飛ぶ「楕円軌道」の人工衛星は、その円の大きさによって地球を1周する「周期」も決まります。ISSの周期は約90分、高度3万6,000kmの大きな円を飛ぶ「ひまわり」は約24時間です。高度が高くなるほど周期が長くなり、速さは遅くなります。

ISSとライフル弾の速さ比べ

弾丸の初速の8倍｜ライフルM16は、漫画『ゴルゴ13』の主人公・デューク東郷が愛用している。

広い! 宇宙の 大きさを実感したい

夜空に見える星々が連なる「天の川」。私たちのいる地球は、広大な宇宙にあるたくさんの銀河の1つにすぎない「天の川銀河」の、さらにその片隅にある「太陽系」の中にあります。太陽系の外側を観測した探査機は40年以上前に打ち上げられた2つのみ。宇宙は広い!

どれくらい広いの?

🚀 太古から人々を魅了してきた星々

私は星が大好きなんだ。宇宙のことを知るほどとても大切なこと(真理)がわかるからだよ

なんで星を見てるの?

「天文学の父」
ガリレオ・ガリレイ

1万6,500年以上前に描かれたフランスのラスコー洞窟の壁画には、おうし座のすばるが描かれ、牛や馬の絵は星座を表していることがわかってきました。紀元前6世紀の数学者ピタゴラスとその弟子たちは、地球の自転や太陽のまわりの公転説を唱えましたが、長らく天文学者プトレマイオスの天動説が支持されました。それを打ち砕いたのが、17世紀に天体観測を始めた天文学者ガリレオ・ガリレイ。木星の4つの衛星の発見、天の川銀河の正体

上昇中の
アリアン5
ロケット

流れ星

天の川（天の川銀河）

山

街

天の川が輝く夜空（タイ）｜天の川と流れ星とアリアン5ロケットの共演。手前の山はタイ北部のドイインタノン国立公園（©Matipon Tangmatitham）。

に迫り、コペルニクスの地動説を支持したのです。ガリレオの著書『星界の報告』[※]、物理学者アイザック・ニュートンの偉大な発見、さらにジュール・ヴェルヌのSF小説『宇宙戦争』などの影響で、宇宙への関心は高まります。

　その後、20世紀に入り大きな転機が訪れました。コンスタンチン・ツィオルコフスキー（p.46）らがロケット研究の礎を築き、多くの科学者が開発に着手しました。失敗と成功を繰り返しながらも、宇宙探査の世界が大きく花開いたのです。

アリアン5ロケット｜欧州系の企業が設立した、アリアンスペース社が開発した世界最大級のロケット（©ESA）。

※1610年刊行。講談社学術文庫（2017年）で読むことができる。

「天の川銀河」の中の「太陽系」の中の地球

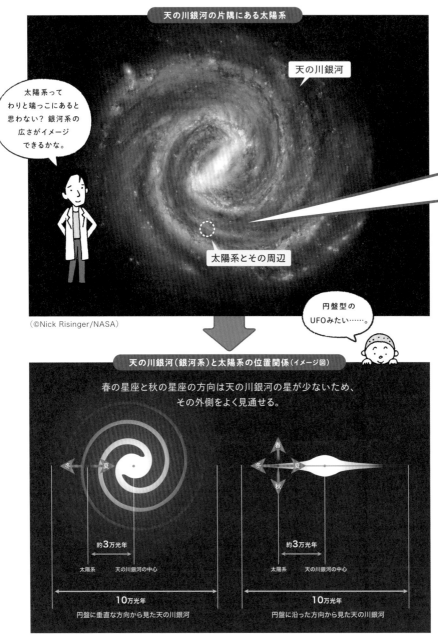

天の川銀河の片隅にある太陽系

天の川銀河

太陽系ってわりと端っこにあると思わない？ 銀河系の広さがイメージできるかな。

太陽系とその周辺

（©Nick Risinger/NASA）

円盤型のUFOみたい……。

天の川銀河（銀河系）と太陽系の位置関係（イメージ図）

春の星座と秋の星座の方向は天の川銀河の星が少ないため、その外側をよく見通せる。

冬　夏

約3万光年

太陽系　　天の川銀河の中心

10万光年

円盤に垂直な方向から見た天の川銀河

春　冬　夏　秋

約3万光年

太陽系　　天の川銀河の中心

10万光年

円盤に沿った方向から見た天の川銀河

（出典：国立天文台天文情報センター）

太陽系とその周辺

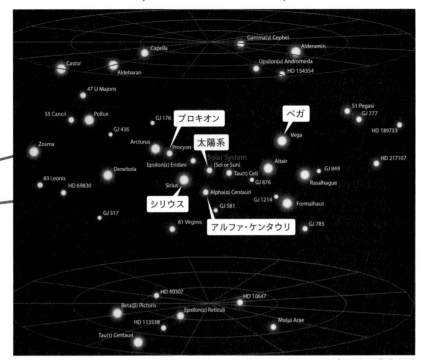

（©Andrew Z. Colvin）

　宇宙は想像できないほど広大です。夜空に白い帯のように見える天の川銀河は、数千億個の星々が集まっています。渦を巻いた巨大な円盤のような形で、その幅は10万光年。銀河の両端にあなたと友達がいたとして、一方からの光が見えたら、それは10万年前の光です。

　そして私たちの地球を含む「太陽系」は、多くの星が集まった銀河の中心から遠く離れたあたりを移動しています。そんな太陽系の近くにある星々は夜空で出会えるものばかり。夏の星座、こと座のベガ（25光年）は七夕物語に登場する織姫。おおいぬ座の1等星シリウス（8.6光年）は全天でもっとも明るく、それよりやや暗いのがこいぬ座の1等星プロキオン（11光年）。そしてもっとも太陽系に近い恒星アルファ・ケンタウリ（4.4光年）が、太陽系の"お隣さん"です。

\ **太陽系** /

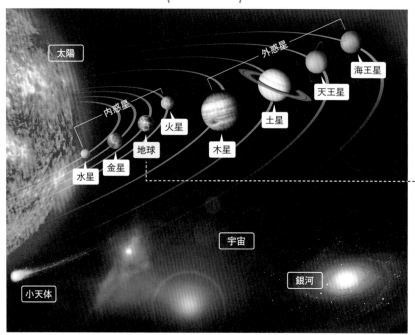

天の川銀河の中にある太陽系｜1つの恒星（太陽）と8つの惑星からなる。地球はその中の惑星の1つで、太陽系の8つの惑星の中では比較的小さい固体惑星の仲間（©NASA）。

 ## 太陽系と私たちのいる地球の関係

　太陽系は、太陽とそのまわりを回る惑星などの天体からなります。惑星の並び方は「水金地火木土天海」と覚えている人も多いでしょう。地球はいちばん内側の水星から数えて3番目の惑星です。

　太陽系の惑星は、火星と木星のあいだを境にして、太陽に近いほうを「内惑星」、太陽から離れているほうを「外惑星」と呼びます。なぜ分けるかというと、惑星のタイプが大きく異なるから。ぎゅっと集まって並んでいる内惑星は小さく、地球や火星のように地表がある「固体惑星」です。一方、ばらけて並んでいる外惑星は大きく、木星と土星はガスが主成分である「巨大ガス惑星」、天王星と海王星は氷や液体が豊富な「巨大氷惑星」に分けられます。ガス惑星には明確な地表がありませんが、深部には液体

地球

アメリカ航空宇宙局（NASA）の人工衛星「テラ」によって撮影された地球｜ロシア（当時のソ連）の宇宙飛行士ガガーリンの名言「地球は青かった」の言葉どおりの地球の姿。地球観測衛星が高度700kmから撮影（©NASA）。

> 木星や土星の直径は地球の約10倍以上だから、面積は100倍、体積は1,000倍になるよ。

や固体の核があると考えられています。

　地球と太陽の距離（約1.5億km）を天文単位「1au」で示すと、太陽との距離は、火星が1.5au、木星は5au、土星は10au、天王星は20au、海王星は30auです。惑星が太陽を回る速さを公転速度と呼び、これは太陽からの距離が遠いほど遅くなります。地球を含む惑星は太陽のまわりをそれぞれの周期で回りながら、天の川銀河の中を移動しているのです。

整備中の「ジェイムズ・ウェッブ宇宙望遠鏡」｜「宇宙に最初に生まれた星」の観測を目的に2021年10月打ち上げ予定（©NASA）。

> 宇宙ロボットみたいな望遠鏡だね！

宇宙の2大特徴は「真空」と「無重量」

人工衛星は地球を脱出して宇宙で飛び始めたら、月が地球を回るように飛び続けます。ただ、何もしなかったら落ちてくる人工衛星もあります。なぜなら、宇宙は「真空」ですが、わずかに大気があり、また宇宙は「無重力」ではないからです。

ふわふわ浮くのはなぜ？

低軌道衛星は何もしなければ落ちてくる

"落ちながら飛んでいる"低軌道衛星｜高度400kmあたりを飛んでいるISSも低軌道衛星の1つ（©ESA）。

日没後すぐの空を見上げていて、数分にわたりスーッと動く光が見えたら、それは「国際宇宙ステーション（ISS）」などの人工衛星かもしれません。ISSが飛んでいる高度は300〜400kmほどで、「地球低軌道（LEO）」（高度2,000km以下）です。宇宙は「真空」というイメージかもしれませんが、このLEOにはごくわずかに大気があります。ですから、ISSは大気抵抗を受けて、放っておくと数十年ほどで地球に落ちてきます。そうなっては困るので、時折エンジンを噴かせて高度

を変えているのです。実際のISSの軌道修正には、ISSにドッキングしている補給船のエンジンを使うこともあります。また、スペースデブリ（宇宙ゴミ）との衝突を避けるためにエンジンを噴かすことも。

　身近な人工衛星としてはISSのほかに、地球観測衛星、GPS衛星、通信衛星があり、そして気象衛星「ひまわり」もおなじみでしょう（p.79）。災害時などに画像を届けてくれる地球観測衛星は、ISSより少し高い高度600kmを縦に飛んでいます。GPS衛星は高度2万kmを飛ぶ30基もの衛星です。そのほかは「静止軌道（GEO）」と呼ばれる高度3万6,000kmという、LEOよりはるかに遠い宇宙を飛んでいます。高度2万kmにもGEOにもほとんど大気がないため、そのまま数万年経っても地球には落ちてくることはありません。

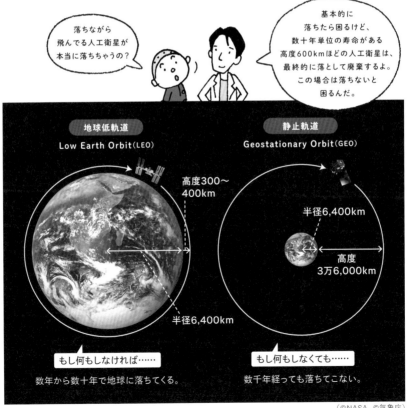

落ちながら飛んでる人工衛星が本当に落ちちゃうの？

基本的に落ちたら困るけど、数十年単位の寿命がある高度600kmほどの人工衛星は、最終的に落として廃棄するよ。この場合は落ちないと困るんだ。

地球低軌道
Low Earth Orbit（LEO）

高度300〜400km

半径6,400km

もし何もしなければ……
数年から数十年で地球に落ちてくる。

静止軌道
Geostationary Orbit（GEO）

半径6,400km

高度3万6,000km

もし何もしなくても……
数千年経っても落ちてこない。

（©NASA、©気象庁）

宇宙の2大特徴の1つ「真空」とは？

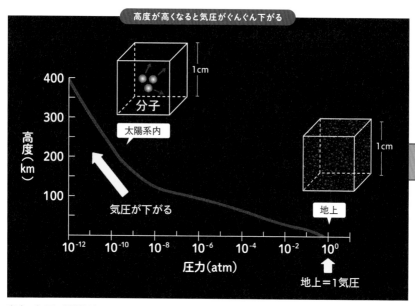

高度が高くなると気圧がぐんぐん下がる

高度と気圧の関係｜地上の1気圧を基準にして、左にいくほど高度が上がり、気圧が下がることを示している。立方体は高度が異なる大気中の分子の数のイメージ。

　そもそも「何もない宇宙」は存在するのでしょうか。実は、まったく何もない状態は、現代物理学上、作り出すことができません。物理学では、真空のことを「圧力が大気圧より低い空間状態」と定義しています。つまり「減圧状態」と同じ意味です。

○ 大気は上空ほど薄くなる

　地上から宇宙まで、実際にどれくらい大気が薄くなるかを図で見ていきましょう。大気の濃さは圧力で表すことができ、地上が1気圧です。宇宙の境界線でもある高度100kmのとき、赤色のグラフは「10^{-6}」の近くを示しています。実際には地上の200万分の1で、だいぶ小さな値ですが、まだまだ下がりそうです。次に、ISSが飛んでいる高度400kmは、赤色のグラフで「10^{-12}」を示しています。これは地上の1兆分の1の気圧です。この調子で高度を上げ、火星や木星が飛んでいる

大気が薄い宇宙環境｜宇宙に限らず、すべての物体は、動いていると動き続け、止まっていると止まり続ける「慣性の法則」に従っている。

空間までいくと地球の大気はなくなりますが、太陽から放出された物質があります。そこでの圧力は図にはありませんが、1兆分の1のさらに1,000万分の1になります。どこまでいっても、わずかに「何か」があるのです。

○ 気体中の分子の数が減る

空気の薄さを、気体中の分子の数で数えることもできます。地上では、1cm³の空気中に1兆の1,000万倍という膨大な個数の分子があります（p.28図）。高度400kmでは、1兆分の1気圧なので、1,000万個の分子まで減ります。ほどんど気圧の「ない」状態でも、指先ほどの空間に1,000万個の分子があるのです。さらに月よりずっと遠い太陽系内では、分子の数は1cm³の中に数個になりますが、それでも分子は0個にはなりません。

宇宙は「無重力」ではなく「無重量状態」

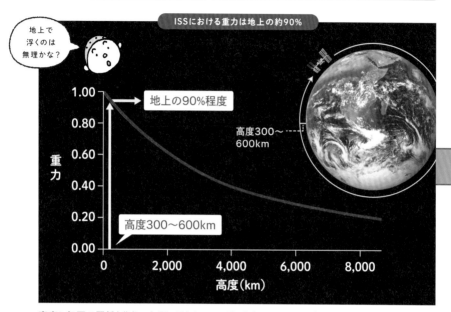

ISSにおける重力は地上の約90%

地上で浮くのは無理かな？

地上の90%程度

高度300〜600km

重力

高度300〜600km

高度(km)

高度と気圧の関係｜黄色の矢印で示したところが、高度400kmを飛ぶISSに相当する。赤色の線とぶつかるところの重力は「0.9」なので、地上の90%と読み取れる。

ISSの宇宙飛行士

無重量状態でふんわり浮いている（©NASA）。

「真空」と並ぶ宇宙の大きな特徴が「無重量状態」です。ふわふわ浮いている、ISSの中の宇宙飛行士の姿もすっかりおなじみになりました。でも、「無重力」は知っているけれど、「無重量状態」という言葉ははじめて目にする人も多いかもしれません。無重力は重力がないという意味ですが、実はISSの中にいる人たちに働く重力はゼロではありません。そればかりか、地球にいる私たちに働く重力とあまり変わらないのです。

　図のグラフを見ると、横軸が高度で、地上「0」から8,000kmまで記されています。縦軸が重力で、地上の「1」から高度が上がると減っていく

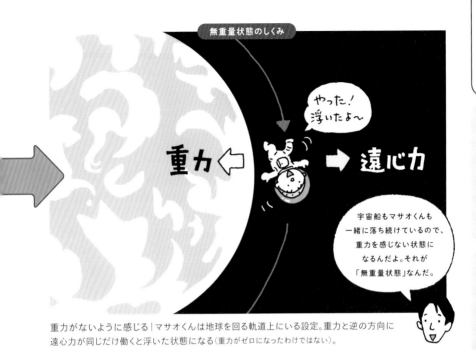

重力がないように感じる｜マサオくんは地球を回る軌道上にいる設定。重力と逆の方向に
遠心力が同じだけ働くと浮いた状態になる（重力がゼロになったわけではない）。

様子が赤色の線で示されています。地球から離れるほど、地球の重力
は弱くなっていきます。では、ISSが飛んでいる高度400kmの重力はど
れくらいでしょうか。黄色の矢印の先を見ると、地上の「1」から、ほんの
わずか10%小さくなるだけ。つまり、ふわふわ浮いているISSの中の宇
宙飛行士に働く重力は、地球上にいる私たちの90%ほどなのです。

○ 遠心力と重力が釣り合う場所

　では、なぜISSの中の宇宙飛行士が浮いている（＝重力を感じていない）
のかというと、それはビー玉で説明したように（p.15）、「遠心力」と「重
力」が釣り合っている場所にいるから。ISSは、1時間33分で地球を1周
する軌道を飛んでいます（p.19）。このとき、秒速8km/sほどの猛スピー
ドで回っているため、軌道の外側に働く遠心力が重力と同じだけ働き、
結果として重力がないように感じます。これが無重量状態です。

宇宙は暑いの？ 寒いの？

宇宙を飛んでいる宇宙船の中の宇宙飛行士はTシャツ姿も珍しくありません。でも宇宙遊泳をしているときは動きづらそうな宇宙服を着ています。いったい宇宙にいるときは寒いのか、暑いのか、どちらでしょうか。

実は、「宇宙の気温は定まらない」というのが答えです。

セーターはいるかなあ？

宇宙の「真空」「宇宙線」「熱」に耐える工夫

ISS内の宇宙飛行士｜ISS内部は室温18〜26℃、湿度25〜75％ほどに調整されているので半袖でも過ごせる。世界初の女性だけの宇宙遊泳を成功させた二人は、世界からの称賛の声に「仕事をしただけ」と答えた（©NASA）。

　宇宙飛行士は、「真空」「熱」「宇宙線（放射線）」など、地上の常識が通じない宇宙環境から守られる必要があります。その装置こそが宇宙船であり宇宙服です。

　「小さな宇宙船」とも呼ばれる宇宙服を見てみましょう。まず、最初の大敵が真空です。真空中に人間が出てしまえば、体内の至るところが膨らんでしまいます。そもそも酸素が吸えないため、長くは生きられません。ですから、宇宙服の中は純酸素で0.3気圧に保たれ、呼吸で出た二酸化炭素は除去されるよう

宇宙飛行士におよぶ宇宙の影響

宇宙線　太陽光　真空

もし宇宙服を着ないで宇宙に出たらどうなると思う?

宇宙服は身を守る「小さな宇宙船」| ISSの船外活動を行う宇宙飛行士。宇宙服には呼吸環境、体温調整、放射線からの防護機能があり、動きやすさにも配慮されている（©NASA）。

になっています。ISSなどの宇宙船内は1気圧ほどです。また、太陽光の有無によって宇宙服表面の温度は大きく変わります（p.36）。そのため、宇宙飛行士には表面の温度が伝わらないよう、宇宙服は熱が伝わりにくい材料と構造になっています。

　宇宙飛行士ではなく無人の探査機にとっても、宇宙は過酷な環境です。真空下では、熱しなくても物質どうしが溶接される現象が起こったり、やわらかい密封用樹脂（パッキン）が放射線により固まったりもします。また、長い時間、メンテナンスができないため、通常なら問題にならないわずかな漏れが問題となることもあります。このため、動かせる部位、中でも弁（バルブ）は鬼門です。科学の知恵と入念な事前試験により、トラブルを可能な限り未然に防ぎ、それでも生じたトラブルは教訓として次の活動に活かしていくのです。

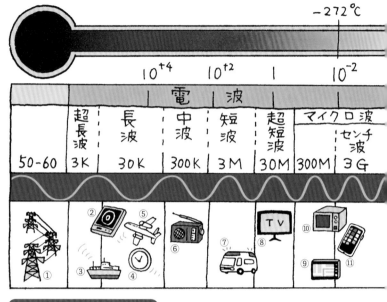

人間が赤外線を出しているからサーモグラフィーで測れるんだ！

電磁波のスペクトルと物体の温度

宇宙にはすべての波長の電磁波がある｜宇宙からさまざまな波長の電磁波が地上に届く。人体に有害な紫外線、X線、γ線、宇宙線（放射線）は、地上では大気が吸収・遮蔽してくれる（出典：鹿島宇宙技術センターのサイトをもとに作成）。

🚀 宇宙では「熱放射」により熱が伝わる

「宇宙は寒い」でしょうか？ 暑い寒いというのは、熱が与えられるか奪われるか、つまり熱の伝わる量で決まります。100℃のサウナに入れても、100℃の熱湯には入れません。空気は水（熱湯）よりもずっと薄いために、あまり熱を伝えないからです。そして、真空の宇宙には（ほとんど）何もないので、そこの温度が高くても低くても、熱は伝わりません。宇宙のような真空中では「熱放射」という現象により熱が伝わります。この熱放射は空気のあるなしには関係がありません。例えば、赤外線ヒーターはこの熱放射を使うため、地上で使っていても空気を介さずに人やモノを温めます。宇宙線も宇宙服もこの現象を使って温度を調整します。熱放射を理解するうえで欠かせないのが「電磁波」です。

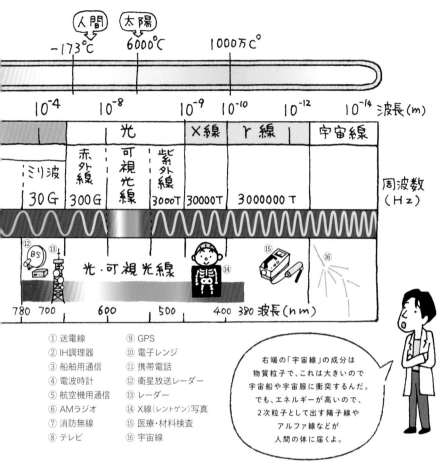

人間	太陽	
-173℃	6000℃	1000万C°

波長(m)	10^{-4}	10^{-8}	10^{-9}	10^{-10}	10^{-12}	10^{-14}

	光			X線	γ線	宇宙線
ミリ波	赤外線	可視光線	紫外線			
30G	300G		3000T	30000T	3000000T	

周波数(Hz)

光・可視光線

780	700	600	500	400	380	波長(nm)

① 送電線
② IH調理器
③ 船舶用通信
④ 電波時計
⑤ 航空機用通信
⑥ AMラジオ
⑦ 消防無線
⑧ テレビ
⑨ GPS
⑩ 電子レンジ
⑪ 携帯電話
⑫ 衛星放送レーダー
⑬ レーダー
⑭ X線（レントゲン）写真
⑮ 医療・材料検査
⑯ 宇宙線

右端の「宇宙線」の成分は
物質粒子で、これは大きいので
宇宙船や宇宙服に衝突するんだ。
でも、エネルギーが高いので、
2次粒子として出す陽子線や
アルファ線などが
人間の体に届くよ。

○ 身近な電磁波

電磁波というと難しそうですが、簡単に言うと「光と光の親戚たち」です。光の他に、電波、赤外線、紫外線、X線、放射線など、これらはすべて波長の違う電磁波です。ある範囲の波長をもつ電磁波は、私たちの目に光として見えます。携帯電話などで通信している電波の波長は10cmほど、夏の嫌われ者である紫外線の波長は3,000分の1mmほどとさまざまです。そして、「熱放射」とは、あらゆる物体が常に「電磁波」を出す現象のこと。あなたもいま、約100分の1mmほどの電磁波を出しているのです。そして、この熱放射による電磁波の波長と量が、物体の温度によって決まってくるのです。

 宇宙の温度は太陽光と熱放射のバランスで決まる

　宇宙の温度には、「熱放射」という現象が大きく関係していることを
お話してきました。ここでは、ISSでの船外活動を想定してみましょう。
宇宙飛行士が宇宙服を着る理由の1つがわかるはずです。

　まず、太陽の温度に応じた電磁波が熱放射によって出て、「太陽光」
として宇宙飛行士（の宇宙服の表面）に届きます。このとき、太陽光が直接
当たれば強く、地球の日陰になれば弱くなるのは、ふだん私たちが夏
の日差しを直接受けたときと、日陰で涼んでいるときと同じです。

　次に、宇宙飛行士から出ていく熱放射を見てみましょう。図の右側の
宇宙飛行士のように、太陽光が入ってくると、宇宙服の表面温度は上
がっていき、温度が上がるほど熱放射の量が増えていきます。最終的
には、太陽光と同じ量の熱放射を出す高い温度に落ち着きます。

　一方、図の左側の宇宙飛行士のように、太陽光が少ないと宇宙服の

120℃！

熱放射
（大）

太陽光
（大）

暑すぎ〜。
でも宇宙服を
着ているから平気
だよ〜！

宇宙で感じる温度の違い 太陽側と裏側で270℃差｜表示した温度は、その場所にずっといた場合のモノの温度で、宇宙空間の温度ではない（出典：公益財団法人日本宇宙少年団『宇宙服のひみつを探ろう−宇宙服−』をもとに作成）。

表面温度は下がっていき、低い温度に落ち着きます。ただし、このときに宇宙空間の温度が変わるのではなく、あくまでも宇宙服の表面温度が変わることを忘れずに。「宇宙の温度」ではなく、「宇宙服の表面温度」が重要なのです。

　図の中に「120℃」と「−150℃」という温度がありますね。これは瞬間的にその温度になるということではなくて、「熱的に平衡状態の温度」です。これは例えるなら、夏に水から氷を作ろうとして冷凍庫に入れてもすぐには凍らないのと同じです。しばらく時間が必要ですよね。宇宙では、宇宙飛行士がずっとそこにいたとして、太陽光の当たる日照りの条件なら「120℃」、日陰ならば「−150℃」になるということです。実際のISSは地球を約90分で1周していて、ずっと同じ場所にいるわけではないので安心してください。

宇宙飛行の父たち
―ツィオルコフスキーとゴダード

1934年に撮影された晩年のツィオルコフスキー（©Михаил Николаевич Лавров）。

　本書に登場するツィオルコフスキーはロケット公式だけでなく、多段式ロケット、宇宙コロニーなど数々の案を論文やSF小説で公表し、「宇宙飛行の父」とも呼ばれています。一方で、対照的な存在なのがもう一人の父、ロバート・ゴダードです。ツィオルコフスキーが理論家とすれば、ゴダードは実際のロケットをつくり宇宙開発を発進させた実験家です。ただ、彼の業績は生前、あまり知られていませんでした。その一因は、マスコミが実験の失敗のみにフォーカスして大体的に批難・嘲笑したことにあります。例えば、1920年にはニューヨーク・タイムズほどの大新聞が、間違った物理解釈をもってゴダードの実験を大きく批判しました（1969年に訂正）。その結果、彼は研究の多くを秘匿するようになりました（特許は多数取得）。アポロ計画時代の高名なロケット科学者ジョージ・サットンは「当時ゴダードの仕事を知らなかったが、もしその詳細を知っていれば時間の節約になった」と語っています。実験に失敗はつきものですが、むしろ失敗こそが実験を進化させる原動力です。現在、これをもっとも体現しているのは「スペースX」でしょう。「ファルコン9」の第1段や「スターシップ」は、着陸失敗を繰り返しながら徐々に成功に近づきました。ただ、ニュースの多くは「新型ロケット、また爆発」と失敗に着目します。実際の価値よりも、大衆の目を引くことを優先させるのは100年前から変わっていません。9合目の登山を断念したことよりも、8合目までの登山の成功に目を向けたいものです。

1924年、マサチューセッツ州のクラーク大学で講義をするゴダード（©NASA）。

2章

宇宙にどうやって行く?

宇宙へ行くなら断然、ロケットがおすすめ。打ち上げは迫力満点ですし、安全性も向上しています。一方で、ロケットの打ち上げには、宇宙にモノを運ぶだけの強力なエンジンの製造、丈夫で軽いロケットの開発などに莫大なお金がかかり、車に乗ってひょいっと旅に出かけるようにはいきません。本章では、ロケットが宇宙へ飛び立つしくみから、未来の姿まで見ていきましょう。

そんなに大変なのかあ。

ほー

宇宙へ飛び立つ ロケットのはなし

ふだん私たちは足で地面を押して進んでいます。でも、宇宙には地面はおろか空気もほとんどありません。そこで、宇宙へ飛び立つロケットは、前に進むために何か外に投げ出すモノを自分でもって行く必要があります。ボールでも何でもいいんですよ。

> ロケットは
> 何を投げるの？

 ## ロケットはモノを投げて加速する装置

秒速7.7km/sという途方もない速さを手に入れるためにはどうするか。ふだん私たちが速さを得る（これを加速といいます）ためには必ず何かを押しています。人が歩くときは地面を、船は水を、飛行機は空気を押して加速します。しかし、宇宙へ飛び立つロケットの場合、周囲に何もありません。そこで、何か押すモノを持って行き、そのモノを外に押し出すことにより加速します。押し出されたモノは外に投げ出されるので、ロケットはモノを投げて加速するのです。

地面を押して前へ進む人｜私たちは歩いたり走ったりするとき、足で地面を押しながら前へ進み「加速」する（©TRAVELARIUM）。

持参したボールを外に押し出しても「ロケット」

推進剤を持参したロケット

発射！

「ファルコン9」ロケット（スペースX）の打ち上げ | 「ファルコン9」は、ロケット1本あたり10基のエンジンを使う。地上用に9基のエンジンが束ねられ（p.65）、宇宙用に1基のエンジンを持つ（©NASA/Joel Kowsky）。

実際のロケットは高温のガスをジェット（噴流）として投げ出しているのですが、投げるモノは本来ボールでも何でもいいのです。何かモノを投げ出せば加速することができます。ボーリング玉を投げたとき、あるいは銃を撃ったときの反動をイメージしてください。これは物理学で有名な「作用・反作用の法則」です。

ただし、投げたモノが外に出る前にふたたび自分でキャッチ※してはいけません。逆向きの加速を受けてしまうと、せっかくの加速がもとに戻ってしまいます。

※例えば両手にボールとグローブを持って、ボールを投げているイメージ。

ガスがロケットを押す力

ロケットがガスを押す力

ガスを噴射して上昇する「ファルコン9」 | ロケットは下向きに噴射したガスから上向きの力を受けて上昇する（©NASA/Bill Ingalls）。

宇宙で前に進めるのはロケットだけ

ジェット推進

ロケット推進

「スペースシャトル・エンデバー」｜中央の赤いタンクと両脇の白いタンクに入っているモノを噴出して進む（©NASA）。

空気吸い込み式ジェット推進

前方から空気を吸い込み、後方へ大きな速度で燃焼ガスを流す

水吸い込み式ジェット推進

ロート部分で水を吸い込み、進行方向と逆に水を噴き出す

上）戦闘機「F-15」｜吸い込んだ空気に燃料を混ぜて燃やし、高温ジェットを作り出し、後方へ流している（©CT757fan）。
下）泳ぐオウムガイ｜吸い込んだ水を吐き出して噴流を作り出している（©Charlotte Bleijenberg）。

　ジェット戦闘機は、ロケットと似たような輝かしいジェットが目に見えるので、ロケットと進み方は似たように見えるでしょう。実際、どちらも高温のガスを噴出し加速している点は同じです。決定的な違いは、ジェット戦闘機は周囲の空気を取り込みそれを噴出するのに対し、ロケットは自らが持参したガスのみを噴出している点です。ジェット推進の中で、周囲から空気を取り込み噴出するエンジンをエアーブリージングエンジン（空気吸い込み式エンジン）と呼び、自分がもっているモノのみを噴出するエンジンをロケットエンジンと呼びます。

　ロケットはロケットエンジンのおかげで周囲の環境に影響されずに作動でき、宇宙でも加速することができるのです。

飛行機も宇宙に行けそうなのに〜。

ロケットとは「宇宙に行くための装置」ではありません。自らが持っているモノを投げて加速する方法（ロケット推進）そのもの、およびロケット推進を備えた装置のことです。形は問わず球体のロケットがあってもよく、いかにもロケットな形状でもロケット推進を使っていなければロケットではありません。下図のロケットは、正確には「ロケット推進を利用した人工衛星打ち上げ機」です。

　関連して、推進するために投げるモノが「推進剤」です。特に燃焼を利用する場合は、「燃料」と「酸化剤」を反応させます。ただし、ロケットエンジンの場合、必ずしもモノを燃やすとは限らないので、「推進剤」「燃料」「酸化剤」の違いを押さえておきましょう。

※20階建てタワーマンション並み

全長70m！

中身拝見！

推進

ロケット推進

自身の質量の一部を噴射してその反作用で加速させること

推進機：前に進むための機械
（エンジン、スラスター、モーター）

推進剤：推進のため噴射する物質

ここで「ロケット」の意味を整理しておくといいよ。

フェアリング（5.2m）

2段目

インターステージ

1段目

「ファルコン9」の略図｜エンジンは2か所ある。「1段目」と「2段目」がインターステージでつながっている。「多段式」の詳細はp.52に（出典：FALCON USER'S GUIDEより/Space Exploration Technologies Corp.）。

液体酸素タンク
燃料タンク
エンジン（1基）

液体酸素タンク

燃料タンク
エンジン（9基）

軽いモノを速く投げて進む

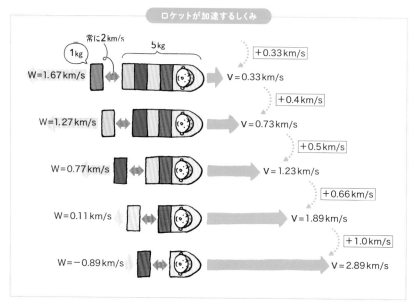

ロケットが加速するしくみ

常に2km/s
1kg
W=1.67km/s   5kg   +0.33km/s   V=0.33km/s

W=1.27km/s   +0.4km/s   V=0.73km/s

W=0.77km/s   +0.5km/s   V=1.23km/s

W=0.11km/s   +0.66km/s   V=1.89km/s

W=−0.89km/s   +1.0km/s   V=2.89km/s

1kgの塊を投げて進む｜W=投げられたモノの速度、V=ロケット本体の速度（■■■）。運動量保存の法則により1.67km/s×1kg=0.33km/s×5kgとなる。「0.33」は2km/s（◀▶）を6（段）で割った数。

　それではロケットがどのように速さを得るのか、実際に見てみましょう。5段の胴体を持つだるま落としのようなロケットを考えます。6段目である頭（本体）も含めてすべての段は1kgの重さです。本体から1段ずつ2km/sの速さで左に投げて（◀■■）、頭を加速させていきます（■■▶）。この計算は「 投げられたモノの加速量×重さ と 本体の加速量×重さ が等しくなる」（これを「運動量保存の法則」といいます）、そして「2つの速度の差（VとWの差）が2km/s（◀▶）」というルールの下で行っています。

　投げられた段の速度（◀■■）が徐々に減っていますが、これは切り離し前の本体の速度（■■▶）が増えているからです。投げられた段と本体の速度の差は、いつも2km/s（◀▶）になっています。最終的にだるまの頭はV＝2.89km/s（■■▶）の速度を得ることができました。

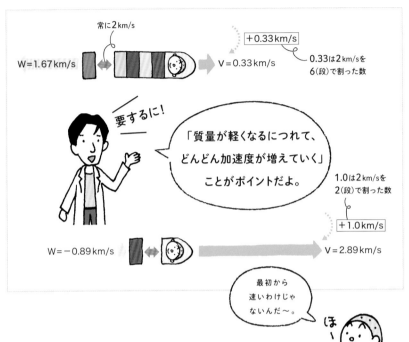

ロケットが加速していくときに大事なポイントは、切り離しを行うごとの加速が徐々に増えている点です。1段目の切り離しで 0.33km/s が足されたのに対し、5段目の切り離しでは 1.0km/s が足されています。まったく同じ条件で投げているのに、なぜこのように変わるのでしょう？ それは、本体の重さが徐々に軽くなっているからです。同じ押す力であれば、対象が軽いほうが大きな加速を得ることができるのです。つまり、同じようにモノを投げていくと、最後は一気に速さを増やすことができます。これはお得なことのように聞こえます。しかし、逆に言えば、最初は「あとで投げるモノ」を運ぶために「少ししか加速できない」わけで、ロケット推進の難しさを表しています。本当は、軽い「頭」だけを加速させたいのですが、そうもいかないのです。

ツィオルコフスキー博士のはなし

100年以上前に、私たちが宇宙へ飛んで行くための方法を考え出した人がいました。それが「宇宙飛行の父」と呼ばれるツィオルコフスキー博士です。モスクワ郊外の小さな町で高校の教師をしながら、独学で編み出した「ロケット公式」は、いまでも使われています。

100年前の
ロケット公式？

$$M_I = M_F \exp\left(\frac{\Delta V}{u}\right)$$

ロケット公式のトリセツ

　ロケットの加速を簡単に計算する式が「ロケット公式」（詳しくはp.48-49）です。ただし、この式を使う際には注意が必要です。それは、ロケットの動きを邪魔するものが何もないということです。私たちの身のまわりにある動いているものすべては、何もしなければ止まってしまいます。ボールを転がしても、紙飛行機を飛ばしても、いつかは止まりますね。これは、ボールと地面の摩擦や、まわりにある空気が邪魔ものとなっているのです。ロケット公式には、これらの影響は入っていませんので、身近にあるもので試そうとしても難しいのです。

　それでは邪魔ものがまったくない場所はどこでしょう？ それこそが宇宙なのです。まわりに何もないからロケット推進が必要なのでしたね。つまり、ロケット公式は、まわりに何もない空間で使う法則と考えてもいいでしょう。ツィオルコフスキー博士は、そんな法則を地上にいな

がら見出したのですから、すごいですね。

　「邪魔するものが何もなければ物体は動き続ける」という性質は「慣性の法則」と呼ばれ、これを最初に見つけたのは重力で有名なアイザック・ニュートンです。惑星の動きの中にある法則を考えるうちに発見した法則です。実は、星でもロケットでも、宇宙にあるものはすべて重力の影響を受けています。まわりには何もないのですが、星の重力ははるか彼方から働いてきます。だから、実際にロケットの動きを計算するときには、ロケット公式に重力の影響を組み入れなければいけません。その結果、すべての打ち上げロケットは秒速7.7km/sと高度300kmという目標をめざすことになりました。一度この条件が達成されたら、地球の重力を受けて曲がりながらも、「慣性の法則」で飛び続けることができるのです。それを実現しているのが人工衛星です。

　ロケット公式において、もう1つ大事なことは、モノを投げる速さは、ロケットから見た速さということです。例えば、p.44の「だるま落としロケット」の最後にあるように、ロケットが左にモノを投げている場合でも、ロケット自体の速さが右に大きいときには、投げられたあとのモノの速さは右向き（⇒）になります。

\ **ちょっと復習!** / 宇宙へ飛び出し、飛び続けるには？

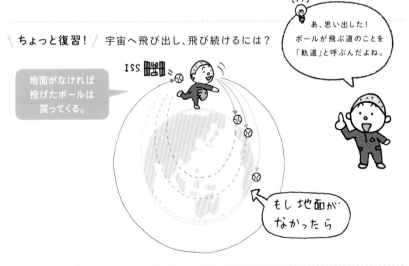

あ、思い出した！
ボールが飛ぶ道のことを
「軌道」と呼ぶんだよね。

地面がなければ
投げたボールは
戻ってくる。

ISS

もし地面が
なかったら

2章 宇宙にどうやって行く？

047

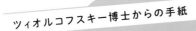

ツィオルコフスキー博士からの手紙

私が考えたロケット公式を、
ぜひ君たちに味わってほしいんじゃ。
長い時間をかけて考えたものだから、
じっくり時間をかけてな。
それほど複雑ではないから安心しなさい。

M_Fを左辺に移して
グラフ化すると……

ツィオルコフスキー博士

$$M_I = M_F \exp\left(\frac{\Delta V}{u}\right)$$

ぐんぐん増える
指数関数の装置

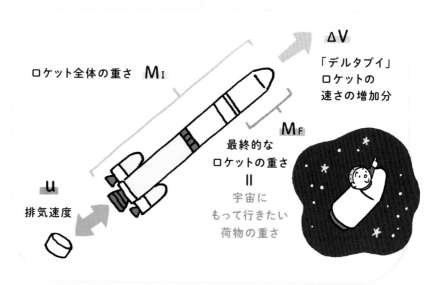

ロケット全体の重さ　M_I

ΔV
「デルタブイ」
ロケットの
速さの増加分

M_F
最終的な
ロケットの重さ
＝
宇宙に
もって行きたい
荷物の重さ

u
排気速度

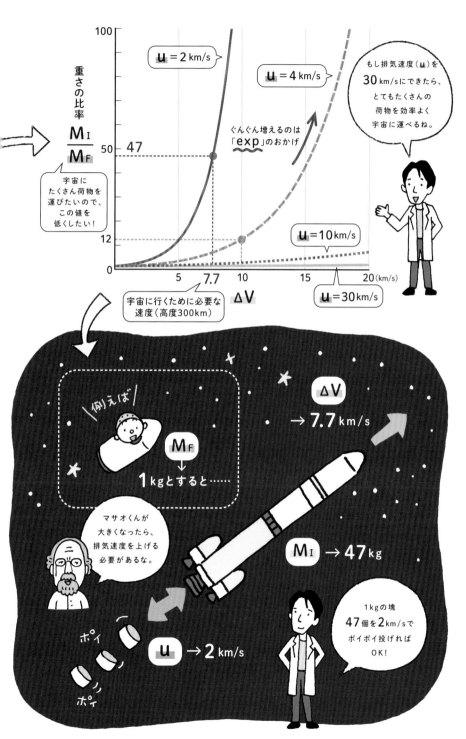

打ち上げに必要な大きなエネルギー

電気エネルギーと燃焼エネルギーの比較

リチウムイオン電池

電気

1kg

＝

プロパンガス

燃焼

LPガス 1kg

＝

リチウム イオン電池の **13**倍！

電気エネルギー｜1kg当たりに蓄えられるエネルギーは0.77MJで、おにぎり1個分のエネルギーと同じ。

燃焼（化学）エネルギー｜1kg当たりに10MJで、ラーメン6杯分のエネルギーと同じ。

※MJ（メガジュール）：J（ジュール）はエネルギーの単位。M（メガ）は100万の意味。

　ロケットの本質はモノを投げることでしたが、もう1つ不可欠な要素があります。それがエネルギーです。ピッチングマシーンも銃も、エネルギーがなければ動きません。どんなエネルギーを使ってモノを投げるかは、ロケットの大事なポイントです。エネルギーは、電気、燃焼、熱、原子力、光、電波、重力、運動、水力、風力など、さまざまな形になります。ただ、地上から宇宙にまで移動するロケットにとっては持ち運べることが大事なので、その候補は電気か燃焼に限られます。電気は電池を、燃焼はガソリンを燃やして動く自動車を思い浮かべてください。そして、この2つを比べた場合、いまの技術では、燃焼のほうが同じエネルギーを得るのにとても軽くできます。このため、現在のすべての打ち上げロケットは何かを燃やしてエネルギーを取り出し、燃やしたモノを投げることで加速しています。

ツィオルコフスキー博士の夢

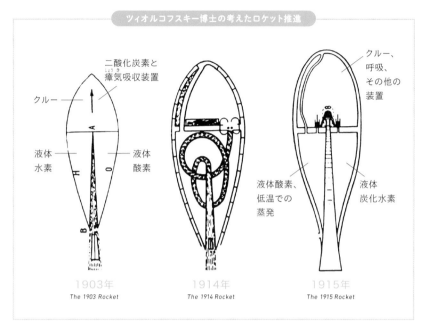

ツィオルコフスキー博士の考えたロケット推進

クルー

二酸化炭素と瘴気吸収装置

液体水素

液体酸素

1903年
The 1903 Rocket

1914年
The 1914 Rocket

クルー、呼吸、その他の装置

液体酸素、低温での蒸発

液体炭化水素

1915年
The 1915 Rocket

　ロシアの小さな村の高校教師だったツィオルコフスキー博士は、独学で宇宙へ飛び立つ方法を考えました。それが「ロケット推進」(p.43)であり「多段式ロケット」(p.54)です。1903年に発表した論文「反動機械を用いる宇宙の探査」で、「ロケット公式」(p.48)と呼ばれる、人類が宇宙へ飛び出して航行するための理論を世界ではじめて発表しました。

　上図は同論文に掲載された、ツィオルコフスキー博士が描いたロケットの設計図。ここには、ラッパ型の「超音速ノズル」(p.66)、「液体ロケット」(p.64)が描かれています。液体燃料としての推進剤は「液体水素」(p.59)か「ケロシン(液体炭化水素)」、酸化剤は「液体酸素」とあり、これらは現在も採用されています。図中の「クルー」は、ツィオルコフスキー博士が最初から有人宇宙飛行を思い描いていたことをものがたります。

2章
宇宙にどうやって行く?

3 時間目

ツィオルコフスキー博士考案！
多段式ロケットのはなし

ツィオルコフスキー博士が編み出したロケット公式(p.48)は、実はそれだけでは実際の宇宙へは行けません。なぜなら、地上付近には空気があり、重力も働いているからです。そうした壁を突き破る唯一の方法が「多段式ロケット」で、これも同博士が考案しました。

> 多段式で
> 重力に勝てるの？

 空気と重力は避けられない

　2時間目に登場したロケット公式には、空気や重力の影響は入っていません。実際にロケットで宇宙に行こうとすると、地上付近にある空気が動きを邪魔し、上に向かうときには重力がロケットを引っ張り降ろそうとします。結局、ロケットがほしい速さ7.7km/sのために、実際のロケットは約10km/sほどまで加速する必要があります。

　もう1つ忘れてはいけないのが、モノを投げる装置の重さ。実際の打ち上げロケットは燃料と酸素を燃やして噴出していますが、これらを入れておくタンクと燃やす装置のエンジンが必要です。さらに、これらを支える柱や空気から衛星を守る壁も必要です(ボディと呼びましょう)。実際の打ち上げロケットでは、これらの重さは全体の10〜15%です。

　では、ここでもう一度ロケット公式とそのグラフを見てみましょう(p.48〜49)。まず、排気速度uの最大は現実に得られる4km/sとします

（p.49のグラフ ---）。加速したい速さVは10km/sなので、ロケット全体の重さは運ぶ荷物の12倍になります。これはロケット全体の重さに対して荷物は8%までということです。ところが、この荷物に含まれるタンクやボティだけで、重さは10%を超えると先ほどお話ししました。つまり、このままではモノを投げる機械を積むのに精一杯で、肝心の人工衛星や宇宙船を運べないのです。

空気抵抗による損失

抵抗　約0.3km/s

推力

抵抗

飛行中の空気抵抗による
損失は 約0.3km/s

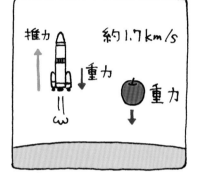

重力による損失

推力　約1.7km/s

重力

重力

重力による
損失は約1.7km/s

もしエンジンや燃料タンクの重さがゼロだったら……

このまま
宇宙に行ける！

ゼロ!?

重さがゼロということ
はありえないから、
宇宙に飛んでいくには
工夫が必要なんだよ。

ポイポイ捨てる多段式で宇宙へ

多段式ロケットのしくみ

あったまいい!

使用し終わった部品を捨てて、身軽になりながらどんどん加速していく!

　空気と重力による損失を補いながらロケットが宇宙へ行くために考え出された方法が、タンクやボディをいくつかに分けて、使い終わったものから捨てていく方法です。マラソン選手が飲み終わったドリンク容器を捨てるのをイメージしてもいいでしょう。ロケットもマラソン選手も、少しでも軽くなりたいという点では同じです。そして、この方法で宇宙へ行くのが多段式ロケットです。

　多段式ロケットでは、ロケット全体の重さに対して、タンクやボディとは別に3%くらい荷物を運ぶ余裕ができます。この3%というのは、ペットボトル飲料（500ml）に対して、そのキャップ2杯分くらいの量。打ち上げロケットはこのわずかな隙間に宇宙船を詰め込むのです。大切なおこづかいを使ってジュースを1本買っても、飲めるのはキャップ2杯分だけと考えると、ちょっと悲しいですね。

3ステップの捨て方

　タンクやボディを分ける方法はさまざまです。「アリアンスペース」が開発した打ち上げロケット「アリアン5」では、横についている2つの白いブースターを最初に切り離し(図①)、次に宇宙機を空気から守る上部の壁を(図②)、そして最後に真ん中の太い部分を切り離します(図③)。切り離されたタンクやボディはそのまま地面や海に落ちます。東京スカイツリーより高いところからダンプカーが落ちてくるようなものなので、すごい衝撃でしょうね。絶対に近づかないように!

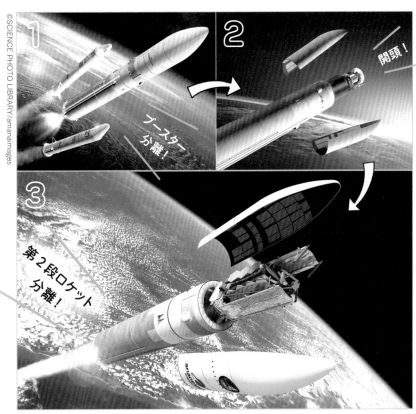

©SCIENCE PHOTO LIBRARY/amanaimages

ブースター分離!

開頭!

第2段ロケット分離!

世界最大級の「アリアン5」ロケット｜2021年にNASAのジェイムズ・ウェッブ宇宙望遠鏡(p.25)を打ち上げ予定(©NASA、©ESA)。

多段式ロケットで宇宙へゴー！

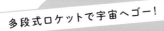

ロケット公式に加えて、
多段式ロケットという方法を使うと、
いよいよ宇宙に飛び立ち、
衛星として飛び続けられるんじゃよ。
これが唯一の方法なのさ。

ここより
上空が
宇宙！

高度100km

ポイ！

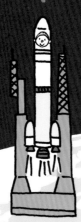

捨てちゃうの
もったいない……。

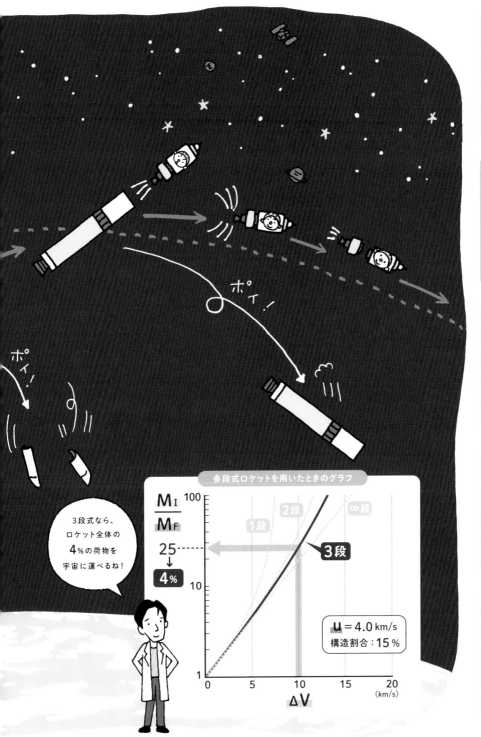

ポイ！

ポイ！

3段式なら、
ロケット全体の
4%の荷物を
宇宙に運べるね！

多段式ロケットを用いたときのグラフ

$\frac{M_I}{M_F}$

100

25

↓

4%

10

1段

2段

∞段

3段

$u = 4.0$ km/s
構造割合：15%

1

0   5   10   15   20
                    (km/s)

ΔV

化学エネルギーの はなし

ロケットが進むとき、ボールでも何でもいいのですが、何か持参したモノを外に投げ出します。そのときに必要なのがエネルギー。現在のロケット推進の場合、パワフルな「化学エネルギー」か、長もちする「電気エネルギー（p.96）」を「運動エネルギー」に変えてモノを投げます。

化学？
エネルギー？

打ち上げロケットは「化学ロケット」

　2時間目のときに少しお話しましたが、ロケット推進に不可欠な「モノを投げる」という動作にはエネルギーが必要です。そして、現在の打ち上げロケットはモノを燃やすことで得たエネルギーを利用しています。燃えているというのは、何か燃料（紙、木、ガスなど）が光や熱を出しながら酸素と反応する化学反応のことです。

　化学反応によって得られるエネルギーを、ここでは化学エネルギーと呼びます。例えば、自動車はガソリンと空気中にある酸素を燃やすことでエンジンを動かしているので、化学エネルギーで動いていると言えます。しかし、ここで気をつけなければいけないのは、ロケットのまわりに空気がないことです。だから、酸素も自分で運ばなければなりません。打ち上げロケットは、自動車とは異なり、燃料用と酸素用の2つのタンクを持つことになります。

　化学エネルギーを使ったロケット推進（化学推進ロケット）の特徴は、燃料と酸素が投げれられるモノであると同時に、エネルギーの源でもあることです。エネルギーを取り出すために使った燃料と酸素を、投げるモノにしてしまうお得な方法です。軽さが命の打ち上げロケットにとってはベストな方法です。しかし、この方法のために限界も生まれてきます。それは投げるモノを決めると、投げるエネルギーも決まるので、投げる速さも自動的に決まってしまうことです。例えば、2gの水素と16gの酸素を燃やすと、18gの気体の水と241KJのエネルギーが出てきます（下図）。このエネルギーをすべて投げるエネルギーに使ったとすると、その速さは約5km/sです。この組み合わせではどう頑張ってもこれ以上の速さを出せない、つまり速さの限界が存在するのです。

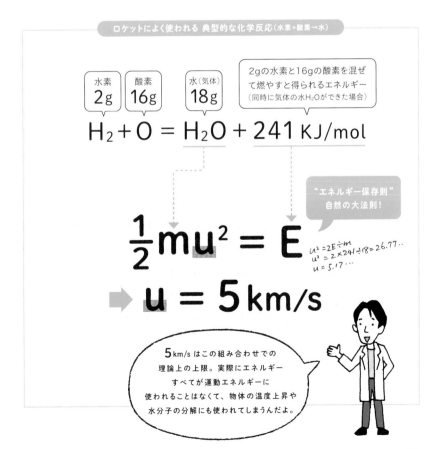

ロケットによく使われる 典型的な化学反応（水素＋酸素→水）

水素 2g　酸素 16g　水（気体）18g

2gの水素と16gの酸素を混ぜて燃やすと得られるエネルギー（同時に気体の水 H_2O ができた場合）

$$H_2 + O = H_2O + 241 \text{ KJ/mol}$$

"エネルギー保存則" 自然の大法則！

$$\frac{1}{2}mu^2 = E$$

$u^2 = 2E \div m$
$u^2 = 2 \times 241 \div 18 = 26.77\cdots$
$u = 5.17\cdots$

→ $u = 5\,\text{km/s}$

5km/s はこの組み合わせでの理論上の上限。実際にエネルギーすべてが運動エネルギーに使われることはなくて、物体の温度上昇や水分子の分解にも使われてしまうんだよ。

④ 時間目

世界の打ち上げロケットの性能を比べると……

　それでは、世界の打ち上げロケットを見てみましょう。どのロケットも大きいですが、何を宇宙に運ぶか、どうやって切り離しをするかによってサイズや形はいろいろです。ロケットの下に書いてあるのは、第1段エンジンの能力です。何と何を燃やすかの組み合わせ、噴出されるガスの平均的な速さ（排気速度u）、そして、エンジンがロケットを押す力（推力）です。

　排気速度は、推進剤の組み合わせによって、おおよそ決まっています。もっとも大きな速さが得られる組み合わせは先ほどお話しした水

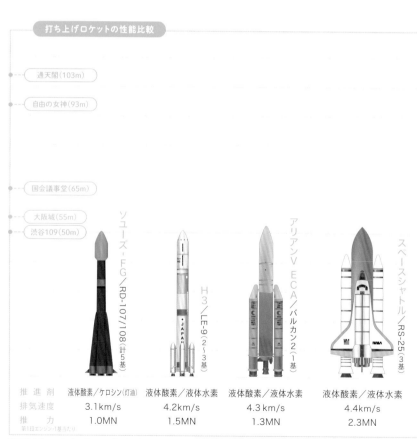

打ち上げロケットの性能比較

通天閣（103m）
自由の女神（93m）
国会議事堂（65m）
大阪城（55m）
渋谷109（50m）

	ソユーズ-FG／RD-107/108（計5基）	H3／LE-9（2～3基）	アリアンV ECA／バルカン2（1基）	スペースシャトル／RS-25（3基）
推進剤	液体酸素／ケロシン（灯油）	液体酸素／液体水素	液体酸素／液体水素	液体酸素／液体水素
排気速度	3.1km/s	4.2km/s	4.3km/s	4.4km/s
推力	1.0MN	1.5MN	1.3MN	2.3MN

第1段エンジン1基あたり

※MN（メガニュートン）：N（ニュートン）は力の単位。1kgの質量をもつ物体に1m/s²の加速度を生じさせる力。M（メガ）は100万の意味で、1MNは100tのモノを持ち上げられるエンジンを意味する。ただ、これでは前進（上昇）はしないので、加速するならばより大きな推力（例えば2MN）が必要。

素と酸素で、4km/sを超えます。一方、3km/sへと落ちますが、油と酸素の組み合わせも人気です。これは、水素をタンクにたくさん入れるには−250℃に冷やす必要があってとても大変だからです。オイルは普通の温度で大丈夫。

　推力はどれだけ勢いよく推進剤を流すかによって決まり、小さくも大きくもできます。ただし、大きな推力のエンジンをつくるのは難しいので、小さいエンジンを複数束ねることで力を増やす方式を採用するロケットもあります。第1段エンジンは打ち上げロケット全体を持ち上げる必要があるので、ロケットの全質量に応じて大きな合計推力が選ばれます。

大きいなあ。

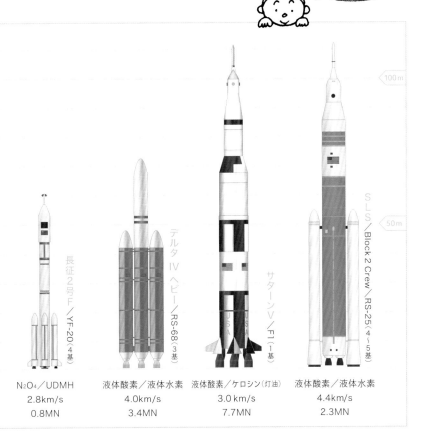

長征2号F／YF-20（4基）
N₂O₄／UDMH
2.8km/s
0.8MN

デルタ IV ヘビー／RS-68（3基）
液体酸素／液体水素
4.0km/s
3.4MN

サターンV／F1（1基）
液体酸素／ケロシン（灯油）
3.0km/s
7.7MN

SLS／Block 2 Crew／RS-25（4〜5基）
液体酸素／液体水素
4.4km/s
2.3MN

※N₂O₄:四酸化二窒素（酸化剤）　※UDMH:非対称ジメチルヒドラジン（燃料）

固体ロケットは職人技の結集

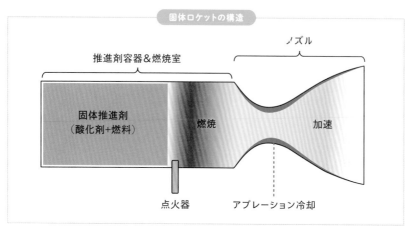

固体ロケットの構造

ノズル

推進剤容器＆燃焼室

固体推進剤
（酸化剤+燃料）

燃焼

加速

点火器

アブレーション冷却

基本原理は、酸化剤と燃料を練り合わせた固体推進剤（紫）に、燃焼室（赤〜黄色）の点火器で火をつけて燃やし、出てきたガスをノズルで排出するというもの。

　もっとも身近な打ち上げロケットはどのようなものでしょうか？ 私が真っ先に挙げるのはロケット花火です。花火の原料である火薬は、酸素と似た性質をもつ粉を燃料と混ぜて固めたものなので、火をつけると周囲に空気がなくても燃え上がります。ロケット花火は火薬を筒に入れて燃やし、噴出するガスの力で飛び上がるので、まさに打ち上げロケットです。ただ、ロケット花火は最後に「パン！」と派手に破裂しますが、宇宙船の打ち上げでは勘弁してほしいところです。

　さて、このような火薬を使った打ち上げロケットを「固体ロケット」と呼びます。固体ロケットの筒の中に火薬、着火装置があり、燃えたガスが噴出されるのです（上図）。

　固体ロケットは、花火の世界と同様に、職人技の結晶です。まず、その燃やし方によって推力の出方が変わります（p.63・上図）。円柱の底面から燃やすと、燃える部分が小さいので推力を大きくできません。円柱に穴をあけて燃やすと推力は大きいのですが、穴が広がるほど推力がどんどん大きくなってしまいます（理想はなるべく一定にしたい）。

そこで考え出されたのが星形の穴をあける方法です（下図）。穴が小さいうちは星形がしっかりしていますが、広がるにつれて星の角が丸くなることで、大きい推力を変化させずに出せます。また、火薬の中には燃料と酸化剤のほかにさまざまな材料を入れて、煙の量、固さ、燃えやすさを調整していきます。これらは薬の調合のようなもので、製造者ごとの秘伝の技術です。

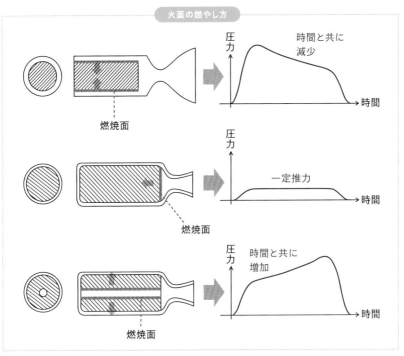

火薬の燃やし方

燃焼面

圧力 / 時間

時間と共に減少

燃焼面

圧力 / 時間

一定推力

燃焼面

圧力 / 時間

時間と共に増加

スロットつき円管と切り込みパターン

星　　多孔　　結晶　　犬の骨

性能はいいが複雑なつくりの液体エンジン

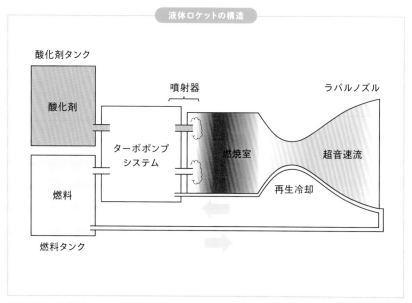

液体ロケットの構造

酸化剤タンク

酸化剤

噴射器

ターボポンプ
システム

ラバルノズル

燃焼室

超音速流

燃料

再生冷却

燃料タンク

基本原理は、酸化剤（ピンク）と燃料（青）と呼ばれる2つの液体を燃焼室（赤〜黄）に送り込んで燃やし、出てきたガスをノズルで排出するというもの。

　現在の打ち上げロケットの主力は液体を用いた液体ロケットです。燃料と酸素が液体としてタンクに入っていて、これらを燃焼室に送り込んで燃やしてガスを噴出します。液体を使う利点は、オン／オフや推力の強さを調整できるところ。固体ロケットは花火と一緒で一度つけたら止まりません。さらに、液体ロケットは固体ロケットに比べて噴出するガスの速さを大きくできる燃焼の組み合わせがあることも大きい。その代表的なものが、先ほども登場した水素と酸素の組み合わせで、一般的な固体ロケットの2倍近い速さを出すことができます。

　便利な液体ロケットですが、1つ大きな壁があります。それは液体を燃焼室に送り込むことです。燃焼室では燃えたガスがお互いにすごい力で押し合っており、ここに液体を送り込むにはさらに大きな力が必要です。このために強力なポンプを使って液体を押し込みます。ただ、

ポンプを動かすにはエネルギーが必要ですが、地上のようにコンセントから電気をもらうわけにはいきません。そこで、燃料と酸素を少しだけ拝借して燃やしたり、燃焼室の熱をもらったりして、ポンプを回すエネルギーを得ます。これがターボポンプと呼ばれる装置で、液体ロケットの心臓部でありもっとも開発が難航するところです。

　打ち上げロケットの開発の難しさは、このターボポンプにあると言ってもいいくらいです。実際、液体ロケットの開発は、1980年から1990年頃は最高性能をめざしましたが、2000年以降になると少し性能を落としてでも開発リスクが下がるエンジンが選ばれるようになりました。これは、燃料として水素ではなく油を選択したり、小さいエンジンを複数束ねることに現れています。単に最高性能をめざすのではなく、総合的に見てもっともコストパフォーマンスが高くなる道を選び出したのです。

「ファルコン9」の1段エンジン

「octaweb（オクタウェブ）」と呼ばれる円形の配置の地上用エンジン。9基のエンジンは、中央の1基を取り囲むように8基が配置されている（©Steve Jurvetson）。

音速の不思議を利用する「ノズル」

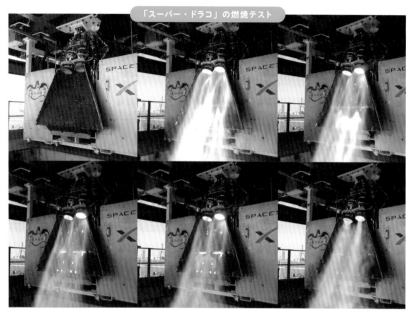

「スーパー・ドラコ」の燃焼テスト

スペースXの有人宇宙船「ドラゴン2」に使用されている液体エンジン（©SpaceX）。

　燃料と酸素を燃やして出てきたガスを噴出する出口にも工夫があります。皆さんも、強烈な光と音を放つジェットがラッパ型の噴射口から出てくるのを見たことがあるかもしれません。実はこの出口、外からは見えづらいのですが、最初は細く絞っていき、その後に広げるという面白い形をしています。

　ガスが流れるときに出口を狭くすると流れが速くなる性質があります。これはホースから水を出すときに出口を潰すイメージをすると想像しやすいかと思います。しかし、ガスの流れはもう1つ奇妙な性質をもっています。流れが音の速さである音速を超えると、すべての性質が逆になるのです。つまり、出口を狭くすると流れが遅くなり、広げていくと速くなります。これは困ったもので、出口を狭めるだけでは流れは音速を超えることができません。少しでもモノを速く投げたいロケットは、

もっと速さがほしいのです。そこで、狭くしてから広げるという2段階作戦です。いちばん狭いところで流れを音速にし、その後の広がりで音速を超えて加速するのです。これが実際のロケットで使われるロケットノズルで、音速の数倍の速さでガスを噴出します。

　ガスの流れが音速を超えるとほかにも面白い現象が起こります。その1つが衝撃波です。流れの速さや濃さが不連続的に変わる現象で、その様子は肉眼で見えることもあります。ロケットノズルから出るジェットをよく見ると、周期的な模様が見えることがあります。これは「マッハディスク」や「ショックダイヤモンド」と呼ばれるもので、音速を超えた流れの特徴です。

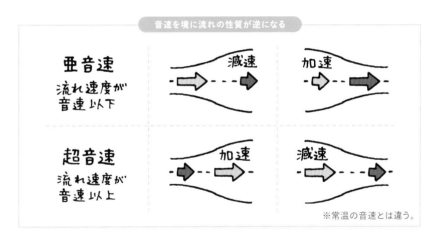

音速を境に流れの性質が逆になる

亜音速
流れ速度が
音速以下

減速

加速

超音速
流れ速度が
音速以上

加速

減速

※常温の音速とは違う。

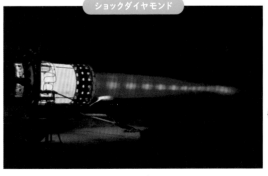

ショックダイヤモンド

ひし形に連なっているのが、超音速流に特有の衝撃波だよ。

ジェットエンジンで見られるショックダイヤモンド（©NASA）。

5 時間目

\ 妙技！/
ロケット再利用がひらく未来

ロケット打ち上げの際に、多段式ロケットで切り離されたエンジン、実はこれ使い捨てなのです。ところが近年、ロケット1段の着陸に成功、再利用への道がひらけたのです。これは打ち上げ費用のコストダウンにつながり、新たな宇宙ビジネスを予感させます。

> 再利用
> できるの？

打ち上げ回数を増やすコストダウンの先

　近年、宇宙開発のトレンドは、国の威信をかけた高性能技術の開発から、民間が主導するコストと信頼性の開発に移ってきました。その代表格が、アメリカの民間企業「スペースX」です。同社は、100億円ほどが相場のロケットを62億円に値下げしています（p.70）。

　同社のコスト削減の秘訣を見てみましょう。「ファルコン9」というロケットのエンジンは液体の油と酸素を使い、排気速度は3km/s、1基あたりの推力は86tです。性能は高くありませんが、開発難度を下げてコストと信頼性を重視しています。このロケット最大の特徴はその打ち上げ頻度。現在、年間20機前後で、一般的なロケットの年間1〜4機に対し圧倒的に多いのです。さらに、1機のロケットに10基のエンジンを使うため、エンジンはその10倍の作動を経験しています。この圧倒的な作動実績をもとに技術開発を進めるのが、低コスト化の秘訣です。

第1段ロケットが地上に戻ってきた！

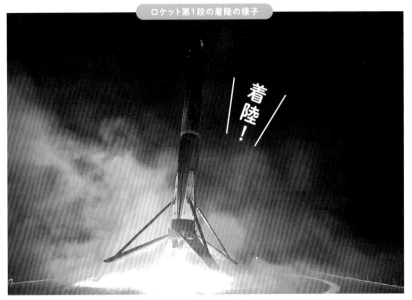

ロケット第1段の着陸の様子

着陸！

スペースXは打ち上げロケットの第1段の着陸・再利用に成功。打ち上げ後、第2段と切り離し、約8分ほどで地上に戻ってくる（©SpaceX）。

　スペースXが注目を集める理由がもう1つあります。打ち上げロケットの部分的な再利用です。第1段ロケットに余分な推進剤を入れておき、第2段を宇宙へ送り出したあと、地上に降ろして再利用します。ただ、ロケットは簡単に立つ形状ではないので、この着地はとても難しく、何度も失敗。しかし、同社は人工衛星を送り出して役目を終えた第1段ロケットを使って試験を繰り返したので、失敗のダメージを最小限にしながら「失敗の価値」を最大限にして、いまでは確実な着地を行っています。

　第1段ロケットのみを選択したところに同社のビジネスセンスが垣間見えます。第2段ロケットは、人工衛星を宇宙に運ぶため、速さも高さも人工衛星と同じ。ここから地表に帰って来るのは大変です。それに比べて第1段は、速さも高さも小さく難易度はぐっと下がります。それでいてエンジンや機体は大きいので、回収するコスパがいいのです。

エンジン再利用によるコストダウンの実際

ロケット第1段を回収するドローン船

海上に浮かぶドローン船「ASDS」(Autonomous spaceport drone ship)で回収されたロケットの第1段。回収後に点検整備された機体の再利用も実現している(©SpaceX)。

　さて、スペースXは第1段ロケットの回収を成功させ、すでに再利用を63回実施しています(2021年6月22日時点)。では、これにより打ち上げロケットの価格はどうなるでしょうか? 実は、それがよくわかりません。同社の最高経営責任者であるイーロン・マスク氏によれば、第1段ロケットの製造費用は15億円。この額を差し引くと、「ファルコン9」の価格は40億円ほどですが、その金額では収まりません。まず、再利用には点検と整備が不可欠。マスク氏は、回収後の点検整備の費用は約1億円と述べており、回収はお得な気がします。ただ、もう1つ忘れてはいけないのが、回収のために推進剤を余分に積むため、運べる荷物が30〜40%少なくなること。これは未回収のロケットに比べて売上が減ることを意味します。こう考えていくと打ち上げロケットの原価は出てきそうですが、実際には価格は出てきません。価格は原価で決まるのではなく企業が設定するものだからです。

フェアリングの再利用も成功

フェアリング回収の様子

回収　再利用

ナイス
キャッチ！

パラシュートを使ってフェアリングを海上に軟着陸させる方法に加えて、船のネットで
キャッチする方法が試みられている（©SpaceX）。

　第1段ロケットの回収と再利用に成功したスペースXは、さらにその
先をめざしています。まず、打ち上げロケットの最上部にあるフェアリン
グの回収と再利用を始めています。フェアリングは、衛星や宇宙船を空
気抵抗から守るカバーですが、そのコストは全体の10%と馬鹿になり
ません。フェアリングはパラシュートで海面に降りてきて、ネットを装備
した船がキャッチします。エンジンと違い単純な構造のフェアリングは
海面に落ちても再利用ができるようで、すでに何回も再利用していま
す。第2段ロケットについては、「ファルコン9」では予定はありません
が、後継機である「スターシップ」(p.143)では再利用が予定されていま
す。スターシップは、スペースXが開発中の巨大ロケットで、現在の打ち
上げロケットのほとんどが地球周回をめざしているのに対して、その
名のとおり「星」をめざすロケットです。

Space Album

「ファルコン9」の打ち上げ

2014年8月5日。香港の通信
衛星運用会社「アジア衛星
テレコミュニケーションズ」の
商用通信衛星「アジアサット
8」を、静止遷移軌道（GTO）へ
打ち上げた（©SpaceX）。

「サターンV」のエンジンと
「アメリカ宇宙開発の父」
ウェルナー・フォン・ブラウン博士
1920年代のドイツから
1970年代のアメリカまで、
ロケット技術の進展に大き
く貢献したフォン・ブラウン。
開発した巨大な「サターン
V」は、アポロ計画の打ち上
げロケットとして確かな実
績を残し、東西冷戦下の宇
宙開発競争の勝利をアメリ
カにもたらした(©NASA)。

3章

宇宙で何をする？

私たちはなぜ莫大なお金を投じ、世界中の人々の英知を結集して、時には命がけで宇宙をめざすのでしょうか。これまで未知への挑戦という面が大きかった宇宙開発がいま、ビジネスの発想を取り入れて、本格的な産業に成長するための大きな転換期を迎えています。本章では、身近な人工衛星をはじめとした宇宙機のしくみから、次世代の宇宙開発で月が拠点となる理由について見ていきましょう。

ふわふわ浮いてみたいよ〜。

宇宙で できること いろいろ

ロケットを使って宇宙に飛び出せたら、次は宇宙で何をしようか夢が膨らみませんか? 宇宙にまつわる人類の活動を「宇宙開発」と呼びますが、気象衛星で毎日の天気予報の精度を上げる、火星探査機で未知なる火星の姿を明らかにするなど、活動内容は実にさまざまです。

ただ行くだけじゃだめ?

そもそも目的があって宇宙をめざす

　ここまで宇宙に行くための方法の話をしましたが、では何のために宇宙に行くのでしょうか? そこには必ず目的があります。単純に宇宙に行ったら楽しいというのであれば、目的は宇宙旅行となりますね(まだ簡単ではないですが)。現在、飛ばされているロケットはすべて、何らかの目的をもち、宇宙で働く装置を地上から宇宙へ送り出しています。つまり、ロケットは手段であって目的ではありません。そしてこの宇宙で働く装置のことを「宇宙機」あるいは「宇宙船」と呼びます。

　「宇宙開発」という言葉があります。狭い意味ならば、宇宙を探検・探索・開拓していく活動のことで、新しい領域や場所、そして技術を指します。宇宙開発をもっと広い意味で使うなら、探索された結果をもって、宇宙を利用することも含みます。より正確に「宇宙開発利用」という言葉もありますが、「宇宙開発」が一般的です。

宇宙で飛んでいるものはすべて「宇宙機」

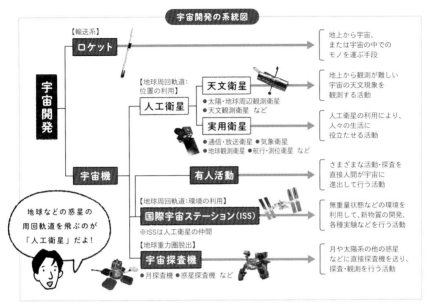

宇宙開発の系統図

宇宙開発

【輸送系】
ロケット → 地上から宇宙、または宇宙の中でのモノを運ぶ手段

宇宙機

人工衛星
【地球周回軌道：位置の利用】
天文衛星 → 地上から観測が難しい宇宙の天文現象を観測する活動
●太陽・地球周辺観測衛星 ●天文観測衛星 など

実用衛星 → 人工衛星の利用により、人々の生活に役立たせる活動
●通信・放送衛星 ●気象衛星 ●地球観測衛星 ●航行・測位衛星 など

有人活動 → さまざまな活動・探査を直接人間が宇宙に進出して行う活動

【地球周回軌道：環境の利用】
国際宇宙ステーション(ISS) → 無重量状態などの環境を利用して、新物質の開発、各種実験などを行う活動
※ISSは人工衛星の仲間

【地球重力圏脱出】
宇宙探査機 → 月や太陽系の他の惑星などに直接探査機を送り、探査・観測を行う活動
●月探査機 ●惑星探査機 など

地球などの惑星の周回軌道を飛ぶのが「人工衛星」だよ！

宇宙開発のおもな構成要素｜宇宙開発は、手段としてのロケットと、目的としての宇宙機に大きく分けられる（出典：藤井孝三・並木道義『完全図解・宇宙手帳』を改変）。

ロケットが宇宙に運ぶ装置が「宇宙機」ですが、そこに含まれる「人工衛星」のほうが知名度は高いでしょう。宇宙機の中でもっとも有名なのは、「国際宇宙ステーション(ISS)」ですね。ISSは地球の高度400kmほどの軌道を飛んでいる宇宙機で、宇宙飛行士による実験や研究が目的です。また、人工衛星「つばめ」は、これまで飛べなかった低い高度を飛ぶ技術を試験しました。大気に邪魔されてしまうところで、イオンエンジンを使って飛び続けたのです。

日本の実験棟「きぼう」

【国際宇宙ステーション／低高度】高度約400km｜現在最大の宇宙機で大きさはサッカー場ほど(©NASA)。

＼ギネス認定！／

イオンエンジン

【天文衛星つばめ／超低高度】高度約180km｜高度がとても低い軌道をイオンエンジンを使って7日間飛んだ(©JAXA)。

3章 宇宙で何をする？

宇宙から天文現象を観測する天文衛星

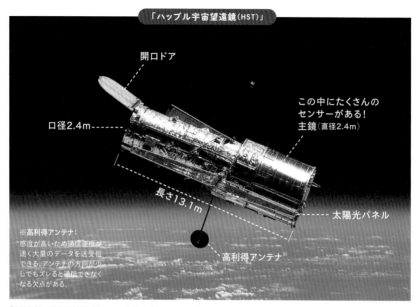

「ハッブル宇宙望遠鏡(HST)」

開口ドア

口径2.4m

この中にたくさんの
センサーがある!
主鏡(直径2.4m)

長さ13.1m

太陽光パネル

※高利得アンテナ:
感度が高いため通信速度が
速く大量のデータを送受信
できる。アンテナの方向が少
しでもズレると通信できなく
なる欠点がある。

高利得アンテナ※

【望遠鏡／地球低軌道(LEO)】高度約600km｜望遠鏡(光を集める装置)は1つだが、4種類のセンサー
がついていてさまざまな観察ができる。望遠鏡はバスくらいの大きさがある(©NASA)。

　宇宙の星々を観察する宇宙機が、天文
衛星や宇宙望遠鏡です。中でも「ハッブ
ル宇宙望遠鏡(HST)」は、これまでにたく
さんの美しい写真を撮っています。地球
上から天体を観察すると、空気のゆらぎ
の影響を受けます。このゆらぎは、ライ
ターなどの火の近くでモヤモヤとする現
象。HSTは、宇宙で観察することでこの
ゆらぎの影響を排除します。打ち上げか
ら30年を超えた人工衛星ですが、スペー
スシャトルがドッキングして何回も修理
や改良が行われていました。

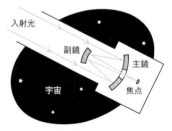

入射光

副鏡

主鏡

宇宙

焦点

ハッブル宇宙望遠鏡のしくみ｜(出典:中
尾政之、MONOist、2008年2月29日公開)

ハッブル宇宙望遠鏡で撮影された
土星｜2020年7月4日に撮影された土
星の姿(©STScl/NASA)。

地上の暮らしを便利にする実用衛星

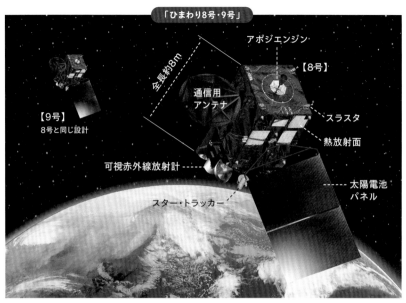

「ひまわり8号・9号」

【9号】
8号と同じ設計

全長約8m

アポジエンジン

【8号】

通信用
アンテナ

スラスタ

熱放射面

可視赤外線放射計

スター・トラッカー

太陽電池
パネル

【気象衛星／静止軌道（GEO）】高度約3万6,000km｜H2Aロケットで各々打ち上げられた「ひまわり」8号（2014年）と9号（2016年）は、打ち上げ時の質量が約3.5t。設計寿命は約15年以上（©JAXA）。

人工衛星が私たちの暮らしにもたらしている最大の恩恵は、天気予報とGPSでしょう。「ひまわり」などの気象衛星は、高度3万6,000kmという彼方から地球を観察し続けて、天気予報に役立ちます。いまや携帯電話や車に欠かせないGPSは、アメリカが持っている全地球測位システムの略です。地球を回る約30基もの人工衛星から受ける電波を利用して、自分の位置を割り出します（p.84）。昨今は、天気予報とGPSがないと、気軽にお出かけもできないですね。

＼ モノクロ画像 ／

ひまわり7号の初画像｜モノクロで低解像度だった（©気象庁）。

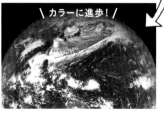

＼ カラーに進歩！ ／

ひまわり8号の初画像｜2倍の解像度でカラーに（©気象庁）。

カラーに
なったんだ！

月の周回軌道を飛んだ探査機

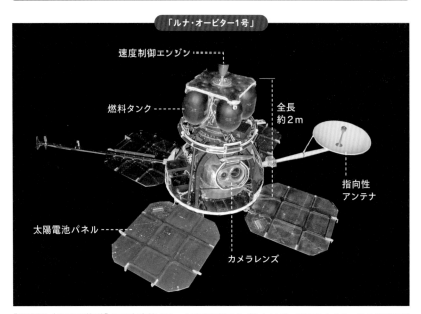

「ルナ・オービター1号」

速度制御エンジン

燃料タンク

全長
約2m

指向性
アンテナ

太陽電池パネル

カメラレンズ

【探査機／月周回軌道】月の高度約40km｜月面着陸をめざしたアポロ計画のために、月の地図作成を担ったルナ・オービター計画の探査機5基の初号機。望遠と広角の2種のレンズを搭載（©NASA）。

　未知の星々を探査する宇宙探査は、宇宙開発の花形です。誰もが知っている月でさえ、人類がその裏側を見たのは、月探査機が登場したあとのこと。月は常に同じ面を地球に向けながら回るので、地球上から月の裏側を観察できません。アメリカの月探査機「ルナ・オービター1号」が撮影した「地球の出」の写真（右）は、地球を離れて月の裏側へ回るからこそ撮れました。なお、はじめて月の裏側を撮影したのは、ソビエト連邦（いまのロシア）の「ルナ3号」です（1959年）。

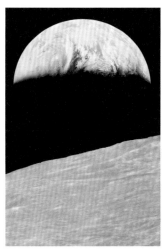

月面から地球が昇る「地球の出」｜1966年8月23日に「ルナ・オービター1号」が撮影した1枚（©NASA/LOIRP）。

火星に送り込まれた探査機

最新の
ローバーだね!

探査車「パーサヴィアランス」

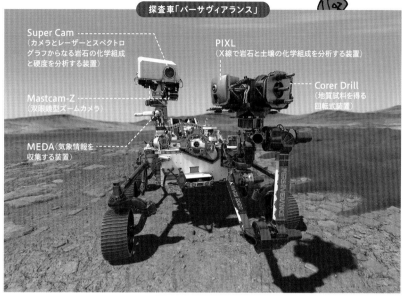

Super Cam
（カメラとレーザーとスペクトロ
グラフからなる岩石の化学組成
と硬度を分析する装置）

PIXL
（X線で岩石と土壌の化学組成を分析する装置）

Mastcam-Z
（双眼鏡型ズームカメラ）

Corer Drill
（地質試料を得る
回転式装置）

MEDA（気象情報を
収集する装置）

2021年2月18日に火星着陸に成功 | 地球から約2億km離れた火星上で探査を開始。自律飛行する
小型ヘリコプターと連携して火星の生命の痕跡を探る（©NASA/JPL-Caltech）。

　月と並んで探査の人気が高いのが火星です。昔は火星人がいるかもと考えられもしましたが、火星の表面を走る探査車が送り込まれ、どうやらいそうにないこともわかりました（残念……）。ただ、水が流れたような跡があることから、大昔には地球と似たような環境で、微生物のような生命がいたのではと考えられています。2021年2月に火星に降り立った探査車「パーサヴィアランス」の目的の1つは、まさに太古の生命の痕跡探しです。

火星探査用ヘリ | NASAが開発した火星探査用小型ヘリコプター「インジェニュイティ」（©NASA/JPL-Caltech）。

史上初の火星での空撮 |「インジェニュイティ」のカメラが撮影した火星の地面（©NASA/JPL-Caltech）。

GPSで
位置がわかるしくみ

宇宙船や人工衛星と聞くと、とても難しい装置を思い浮かべるかもしれません。しかし、これら宇宙機とおもちゃのラジコンを比べると、宇宙機が遠い宇宙空間で飛んでいること以外は、両者はとても似ています。そこで、身近なGPS衛星のしくみをひも解きながら、宇宙機の基本について少し詳しく見ていきましょう。

なんでボクのいる場所がわかるの？

宇宙機とラジコンを比べてみると……

　「国際宇宙ステーション（ISS）」のように人が乗る宇宙機もありますが、ほとんどの宇宙機は無人です。つまり、その操縦は離れた場所から人が行うことになります。離れた場所から人が操縦する機械という点で、宇宙機はラジコンと似ています。ただ、もちろん違う点はたくさんあるので、ここではラジコンと比較して宇宙機の4つの特徴を、皆さんになじみのあるGPS衛星を例に見てみましょう。

　GPS衛星は地球の高度2万kmを飛んでいますが、まず1つ目にラジコンと大きく違うのは、位置が遠すぎるということ。見えないので一体どこに衛星がいるのかわかりません。さらに、ラジコンのように操作のためにアンテナ通信が必要ですが、とても強力なアンテナが必要になります。

　2つ目は温度制御。ラジコンであれば、その温度は周囲の環境（砂漠なのか南極なのか、など）によって変わります。しかし、宇宙では空気がなく宇

宙機の温度の決まり方が地上とまったく異なります(p.34)。1章の5時間目でお話ししたように、宇宙機の温度は、太陽光から受け取る熱と、熱放射で出ていく熱のバランスで決まるため、宇宙機の表面材料で熱をコントロールします。

　3つ目に電池です。宇宙機とラジコンはどちらも電池を持っていますが、宇宙ではコンセントに差して充電するわけにはいきません。宇宙機の場合、充電は太陽電池だけが頼りです(p.92)。現代の宇宙機はほとんどが電池と太陽電池パネルの両方を搭載していて、光が当たる昼のあいだは太陽電池の電力を使いつつ、夜に備えて充電し、夜は充電された電池でしのぎます。

　最後の4つ目は姿勢制御。ラジコンでも進む方向を決める姿勢は重要です(p.93)。さらに宇宙では、3次元的に姿勢の自由度があるうえ、まわりに何もないので回転が止まらない。宇宙機の姿勢はアンテナや太陽光パネルの向きを決めるので、推進はもちろん通信や発電にとっても重要です。

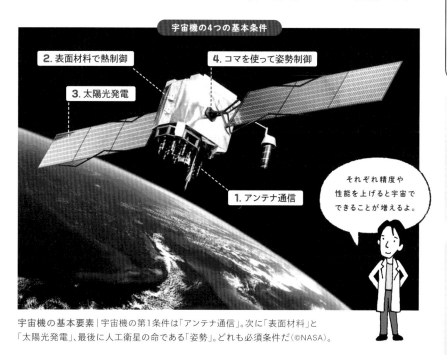

宇宙機の4つの基本条件

2. 表面材料で熱制御
4. コマを使って姿勢制御
3. 太陽光発電
1. アンテナ通信

それぞれ精度や性能を上げると宇宙でできることが増えるよ。

宇宙機の基本要素｜宇宙機の第1条件は「アンテナ通信」。次に「表面材料」と「太陽光発電」、最後に人工衛星の命である「姿勢」。どれも必須条件だ(©NASA)。

約30基の衛星群で位置を測定する

衛星測位システム「GPS」

GPS衛星
自分の位置と
電波発信時刻を
送信し続けている

人工衛星とつながってるみたい！

GPS衛星の信号をスマホなどで受け取る｜GPS衛星は、より正確な位置を決めるために常に地上から4基以上が見える必要がある。高度2万kmに30基以上が飛んでいれば実現できる。

　さて、4つの特徴の詳細は次の時間に説明するとして、ここではGPS衛星のしくみを見ていきましょう。毎日の生活に欠かせないGPS、そのしくみを理解しておくことは、きっとどこかで役立ちます。

　まず、GPS衛星は、地球の高度2万km付近を飛ぶ30基ぐらいの人工衛星たちです。高度400kmを飛ぶISSと比べるとだいぶ高いところを飛んでいます。地球の直径が1万2,000kmなので、地球2つ分くらい遠くを飛んでいますから、GPS衛星から地球全体がよく見渡せます（もちろん地球の裏側は見えませんが、最大でも地球の半分はよく見えます）。

　そして、これらのGPS衛星が何をやっているかといえば、電波を発生するアンテナを地球に向けて、絶え間なく時刻と自分の位置情報を送り続けています。つまり、GPS衛星は時報衛星のようなものなのです。ただし、衛星自体の位置情報も送る点で特殊な時報と言えます。

2〜3基のGPS衛星で位置を絞る

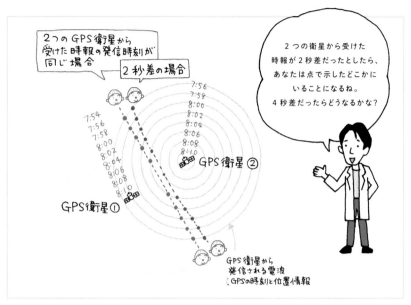

2基のGPS衛星から時報を受けた場合｜2基の電波により、電波を受け取る人の位置は曲線上に絞られ、3基目の電波で位置がさらに絞られる。

GPS衛星は電波を出しているだけですが、なぜ私たちの位置がわかるのでしょうか。はじめは簡単にするために、平面上で考えてみましょう。

あなたは2基のGPS衛星から電波を受け取ります。もし2基の電波の発信時刻が同じなら電波の進む速度は同じなので、あなたは2基のGPS衛星の真ん中にある、図中の青色の真っ直ぐな点線上のどこかにいることになります。また、2基の発信時刻が例えば2秒差の場合、2基のGPS衛星から出続けているたくさんの電波の円を考えましょう。2秒差の円が交差する場所をつないでいけば、あなたは図中の赤色の曲線上のどこかにいます。ここまでわかればあと一息。

最後に、もう1つ別のGPS衛星からの電波も受けて、別の曲線を引けば、その交点があなたのいる場所です。つまり、平面なら、3基のGPS衛星から電波を受ければ、あなたの位置がわかってしまうのです。

3章 宇宙で何をする？

085

GPS衛星で位置を知るには4基必要

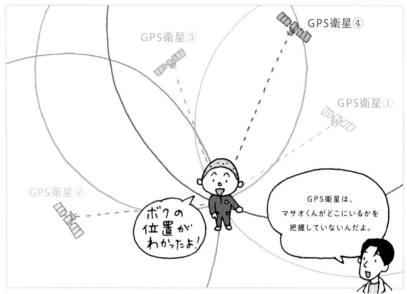

4基のGPS衛星による位置の決まり方｜4基という数に加えて方向も重要。
一方にかたまって衛星がいると精度は低くなり、空の四方に広がっているほうが精度がより高くなる。

　これまでは平面（2次元）でのお話でした。実際の私たちの世界は立体的な3次元です。この場合も原理は同じで、円の代わりに球面を描くことになり、高さ方向の情報が1つ追加され、4つのGPS衛星が必要となります。つまり、4つのGPS衛星の電波を捕まえて、位置を割り出しているのはあなた（のスマホ）です。

　さて、実のところはもう少し複雑です。電波の速さは、正確には地球のまわりにあるプラズマ（オーロラの源のようなもの）の中を進むときは、進み方が遅くなったり進路が曲がったりします。さらに、GPS衛星の自分の位置情報もズレます。こうなると、割り出した自分の位置が怪しくなってくる。そのため、実際は4基以上のGPS衛星からの信号を使い、より確かな位置を割り出します。つまり、たくさんのGPS衛星から電波を捕まえるほど、より正確に自分の位置がわかるのです。

日本上空を飛ぶ7基の準天頂衛星「みちびき」

　便利なGPSにも大きな課題が2つあります。1つは日本での使いにくさです。大草原ならば、地平線の彼方にあるGPS衛星もあわせて、たくさんの信号を受信できますが、日本のように高層建築物と山が多いとそうはいきません。もう1つは、GPSがアメリカの所有物だということ。生活に欠かせない装置を、他国に依存するのは大変に危ういことです。

　これらの問題を解決するため、日本が導入を進めているのが準天頂衛星システム「みちびき」です。地球の回転と合わせた特殊な軌道（準天頂軌道）を活かして、日本上空での滞在時間が長い衛星軌道を利用します。2018年には4基での運用が開始され、2023年には7基での運用体制が予定されています。

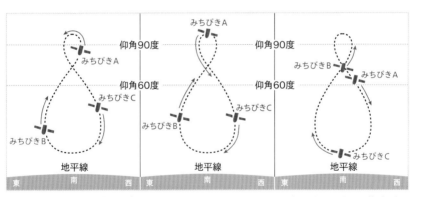

東京付近から観測した「みちびき」の動き｜地上から見ると南に膨らんだ8の字の軌道を、3基が8時間間隔で飛ぶと、ほぼ真上に常に1基が飛ぶ状態になる。

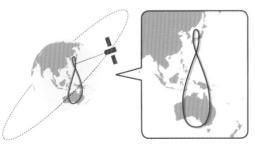

「みちびき」の軌道｜ふつう赤道上にある静止衛星の軌道を傾けて、日本の真上を通るようにした準天頂軌道を採用（いずれも出典：「みちびき」ウェブサイトより）。

日本の上空になるべく長い時間いられるように工夫されているんだ。

人工衛星の きほんのき

気象予報やGPSなど、宇宙で飛んでいる人工衛星はさまざまな形で地球上の私たちに役立っています。その人工衛星が役目を果たすために必要なことが4つあります。2時間目（p.83）で挙げた「アンテナ通信」「色と素材」「電池」「姿勢」について詳しく見ていきましょう。

必要なことが
たくさんあるね。

人工衛星の位置と速度を知るには

　2時間目で少しお話しした「宇宙機の4つの基本条件」をもう少し詳しく見ていきましょう。位置と速度を求めることは宇宙機の基本ですが、はるか彼方を飛ぶ探査機はもちろん、地球のまわりを飛ぶ人工衛星であっても、ラジコンのように見て解決はできません。そのための鍵が電波であり、宇宙機の第1条件は電波をやりとりする「アンテナ通信」です。GPS衛星による位置の検出も電波を利用しており、地球の低高度を回る人工衛星ではGPS衛星と同じことができます。また、GPS衛星が自分自身の位置を特定するには、地上に設置された基地局からの電波を使って同じことをします。

　では、GPS衛星よりも遠くにある人工衛星や、地球を離れて宇宙を旅する探査機の位置と速度はどのように決定するのでしょう。ここでも利用するのは電波です。まず、地上のアンテナから探査機に電波を送り、

探査機はその電波を受け取ったら即座に送り返します。このときの時間差により地上のアンテナと探査機の距離がわかります。

　さらに、ある速度で動いている探査機が電波を発すると、地上でそれを受けたときに周波数がズレています。これはドップラー効果と呼ばれ、救急車が通るときに音の高低が変化するのと同じ原理です。このドップラー効果により探査機が遠ざかる速さがわかります。しかし、これだけでは探査機の横方向の動きがわかりません。このため、探査機も地球も互いに動いていることを利用して、何回も同じ測定をすることで、すべての位置と速度を推定していくのです。

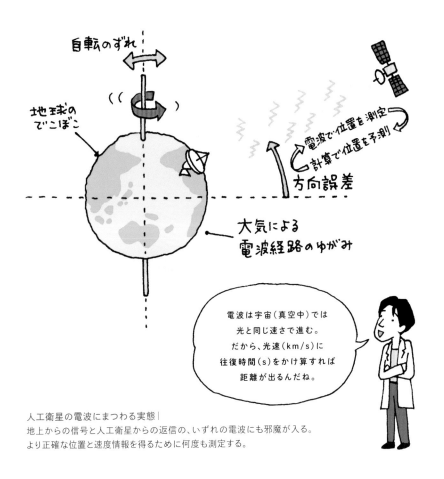

自転のずれ

地球の
でこぼこ

電波で位置を測定
計算で位置を予測

方向誤差

大気による
電波経路のゆがみ

電波は宇宙（真空中）では
光と同じ速さで進む。
だから、光速（km/s）に
往復時間（s）をかけ算すれば
距離が出るんだね。

人工衛星の電波にまつわる実態｜
地上からの信号と人工衛星からの返信の、いずれの電波にも邪魔が入る。
より正確な位置と速度情報を得るために何度も測定する。

人工衛星の温度は何で決まる？

　次に、基本の２つ目である人工衛星の温度制御について見てみましょう。たまに「宇宙の温度は−270℃で寒い」という表現を見かけることがありますが、正確ではありません。「宇宙の温度は−270℃」あるいは「宇宙は寒い」はそれぞれは正しいこともありますが、２つがいつもつながるとは限りません。私たちが感じる暑い寒いは、体に入ってくる熱量の大小を表しています。宇宙では周囲にほとんど何もないので、宇宙の温度自体は暑いにも寒いにも関係しないのです。そんな宇宙で暑い寒いを決めるのは、１章５時間目でお話しした熱放射です。太陽から受ける熱放射（光です）と人工衛星から出ていく熱放射。人工衛星の温度はこの２つのバランスで決まるのです。

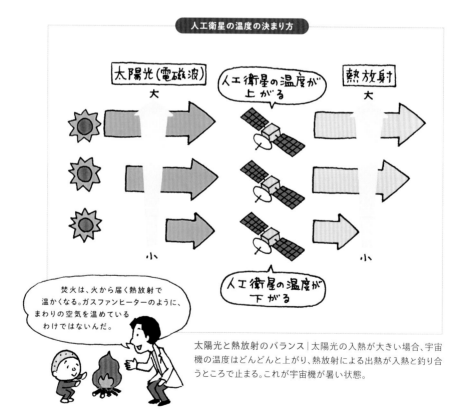

人工衛星の温度の決まり方

太陽と熱放射のバランス｜太陽光の入熱が大きい場合、宇宙機の温度はどんどんと上がり、熱放射による出熱が入熱と釣り合うところで止まる。これが宇宙機が暑い状態。

人工衛星の色と素材は目的地で変える

　宇宙機の温度をほどよく保つには、太陽光と熱放射のバランスが大事で、これらを調整する必要があります。

　まず、太陽光の入熱は簡単で、理科の実験でもおなじみのように、黒い色は光をよく吸収し、白い色は反射します。しかし、一方の熱放射は簡単ではありません。材料や表面状態によって変わり、見た目で判断できません。常温のモノから出る熱放射による電磁波を赤外線と呼びますが（p.34）、人間にはこの赤外線が見えないからです。ただ、傾向としてはピカピカした表面や金属は熱放射が少なく、ざらざらした面や樹脂は熱放射が大きい傾向にあります。これら温度の基本特性は、宇宙機の色に表れることがあります。

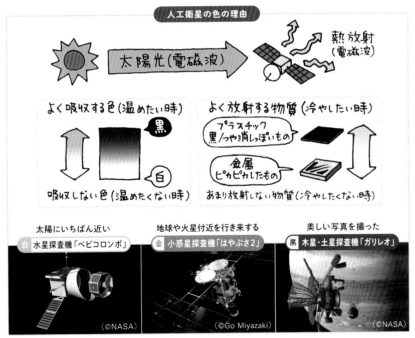

探査機の色と素材は目的地で変わる｜水星探査機「ベピコロンボ」の白色の外観は太陽光をなるべく入れないため。木星・土星探査機「ガリレオ」はその逆で黒色。小惑星探査機「はやぶさ」は中間的な金色。

エネルギー源は太陽電池と電池

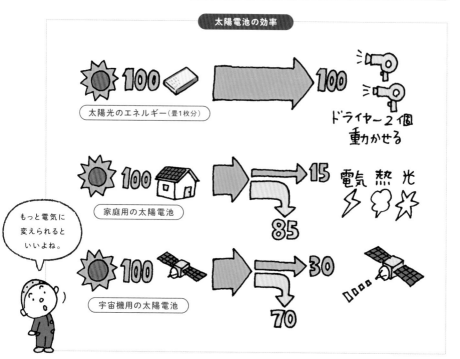

宇宙機は性能重視｜家庭用の場合、性能も大事だが長年にわたる雨風雪への耐久性とコストが重視される。宇宙機の場合はコストより性能重視。

　宇宙機の基本条件の3つ目は電池でした。これはいまや地上でもおなじみの太陽電池を使います。太陽電池で発電した電力を、バッテリーにためて使用するのです。

　宇宙で使用される太陽電池は、地上のものと比べると高価で性能が高いものが使われています。実際、家の屋根についているパネルは、太陽光のエネルギーの最大15％程度を電気に変えられるのに対して、宇宙機用のパネルは30％程度と高い比率です。宇宙機でのすべての操作は電気を使うので、使用できる電力はその宇宙機の能力そのものと言えます。人工衛星や探査機の性能が昔に比べて上がってきた1つの理由は、太陽電池効率の上昇にあるのです。

宇宙機は姿勢が命

宇宙機の姿勢制御のしくみ

ひまわり1号
衛星自体回転させて
安定化・スピン衛星

ひまわり8号
3方向のコマを内蔵した
3軸制御衛星

おもちゃの「地球ゴマ」は、外側のフレームは回転せずに内側のディスクが回転して自立するよね。3軸制御衛星はこれに似ているよ。

全体の回転量の保存

回っているコマは回り続ける

スピン衛星と3軸制御衛星 | 回っているコマは倒れないのと同じ原理で、宇宙機はその姿勢を維持したり変えたりする。これらのコマはモーターで回っている。

太陽電池で充電するため、また電波をある方向に絞って放出して地球と交信するために、姿勢は宇宙機の生命線です。ただ、宇宙機のまわりには何もないので、姿勢の向きを維持したり変えるのは簡単ではありません。

そこで、宇宙機は回転を利用します。まず、初期の宇宙機では、コマが倒れないのと同じ原理で、本体を回転させて姿勢を維持しました。最初の回転や途中での回転変更には、小さいロケットエンジンを使います。一方、最近の宇宙機では3軸制御と呼ばれる方法がよく使われます。自身を回転させる代わりに、回転しているコマを内部に持つ方法です。これは、宇宙機の全体に回転量が保たれる性質を使い、コマの回転数を変えて自由に向きを変えるのです。

3章
宇宙で何をする？

電気推進はすごい オール電化衛星もすごい

地上では電気自動車が走り、オール電化の家もあります。実は、宇宙でもオール電化の波が来ています。特に、宇宙産業界で最大の需要を誇る通信衛星などの静止衛星は、はやぶさにも採用された「電気推進」を使った小型化の流れができ始めています。

どうして電気を使うの？

宇宙機にも必要なロケットエンジン

　打ち上げロケットが運んでくれるのは地球に近い軌道まで。そこから先は、宇宙機が搭載しているロケットエンジンが活躍します。産業的にもっとも成功している静止衛星を例に見てみましょう。

　静止衛星とは、赤道上空3万6,000kmにある円軌道（右図 ----）で、地球の自転と同じ周期で地球を回る軌道を飛ぶ人工衛星です。地表から見ると静止衛星は常に止まって見えるので、通信や放送に便利な衛星です。衛星が静止軌道（GEO）に行く場合、打ち上げロケットは右図の楕円の軌道（黄色）まで運んでくれ、その先のGEO（右図 ----）に行くためには、ロケットエンジンによる加速が必要です。このための加速量は約1.5 km/sで、打ち上げの約10km/sに比べると小さいですが、相当なものです。

小刻みな軌道変更をしながら飛ぶ衛星

　ロケットエンジンは、小刻みに噴いて軌道を調整することにも使われます。例えば、静止衛星は、地球の回転に合わせて赤道上空を飛び続けますが、このとき、地球だけでなく月や太陽、そしてほかの惑星の重力をわずかながらに受けます。そのため、GEOの円は赤道から少しずつ傾けられ、衛星を地表から見たときに上や下に動いてしまっているのです。このようなズレを防ぐため、静止衛星はGEOに到着後も小刻みにエンジンを噴いて軌道を維持します。

　1時間目に登場した「つばめ」やISSのように（p.77）、地球に近いところを飛ぶ衛星は薄い大気の影響を受け、徐々に高度が下がっていきます。これを防ぐためにも、ロケットエンジンを使って高度を保ちます。

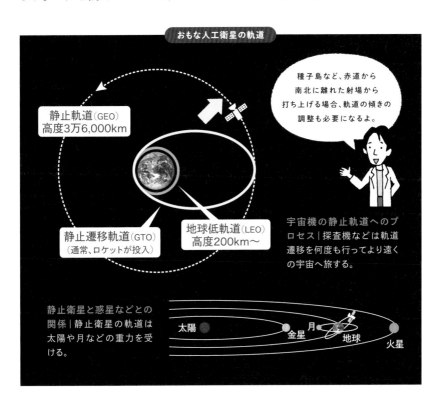

おもな人工衛星の軌道

静止軌道（GEO）
高度3万6,000km

種子島など、赤道から南北に離れた射場から打ち上げる場合、軌道の傾きの調整も必要になるよ。

静止遷移軌道（GTO）
（通常、ロケットが投入）

地球低軌道（LEO）
高度200km〜

宇宙機の静止軌道へのプロセス｜探査機などは軌道遷移を何度も行ってより遠くの宇宙へ旅する。

静止衛星と惑星などとの関係｜静止衛星の軌道は太陽や月などの重力を受ける。

太陽　金星　月　地球　火星

電気を使ってモノを投げる「電気推進」

「はやぶさ」のイオンエンジン

コレ!

青白く
光っている部分が
「はやぶさ」の
イオンエンジンだよ。

「はやぶさ」のイオンエンジン｜筆者が運用にかかわった「はやぶさ」のイオンエンジン。4基のイオンエンジンを積んでいる。右の2枚はさまざまな試験の様子（いずれも©JAXA）。

　宇宙に出てからの、宇宙機のロケットエンジンの加速は簡単ではありません。巨大な打ち上げロケットで苦労してわずかな質量を宇宙に送り出したのに、さらに宇宙機の質量を犠牲にするからです。実際、静止衛星が軌道遷移と軌道維持（10年分）を行うのに必要な加速量は、合計約2.0km/s。この加速を化学推進ロケット（p.58）で行うと、宇宙機の質量の約半分を推進剤にしなければいけません。

　そこで登場するのがイオンエンジンに代表される電気推進ロケット。排気速度を上げて加速の効率を上げます。電気推進では、太陽電池で発生させた電気エネルギーを推進剤の運動エネルギーにします。ある時間に発生したエネルギーを、どのくらいの推進剤に渡すかを決めて、排気速度を自由に選べるのです。こうして電気推進ロケットでは、化学推進ロケットの10倍の排気速度を得られます。

作ったプラズマのイオンを投げて進む

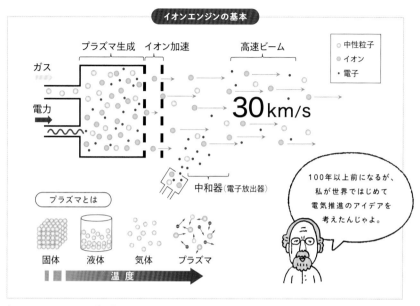

イオンエンジンの基本

プラズマ生成　イオン加速　　　高速ビーム

ガス

電力

30km/s

○ 中性粒子
● イオン
・ 電子

中和器（電子放出器）

プラズマとは

固体　液体　気体　プラズマ

温度

100年以上前になるが、私が世界ではじめて電気推進のアイデアを考えたんじゃよ。

軽い電子よりイオンを投げる｜プラズマの中からイオンを選んで排出すると電子が余る。それらの電子は導線の中を通して別の出口（中和器）から外に排出される。

　電気推進について、イオンエンジンを例にとって、そのしくみを見ていきましょう。電気エネルギーを使ってモノを投げる場合、電気の力をそのまま使うのが効率的。しかし、普通の物体は電気の力にほとんど反応しません。物質を構成する原子の内部には、プラスの原子核とマイナスの電子があり、これらが打ち消し合っているからです。そこで、気体中の一部の原子から電子を1つだけ引き離します。電子が少ない状態の原子はプラスの電気を帯びてイオンと呼ばれます。そうすると、気体の中には、通常の原子、イオン、そして電子が飛び交う、プラズマという状態になります。このプラズマに電気の力をかけると、イオンあるいは電子を勢いよく加速できます。イオンエンジンでは、まずガスと電気エネルギーでプラズマを作り、そこから投げるのに適したイオンだけを電気エネルギーで加速して外に排出します。

オール電化衛星という新たな波

　静止衛星にこの電気推進を使うとどうなるでしょうか。化学推進を使った場合、軌道遷移と軌道維持のために衛星の約半分を推進剤にする必要がありました。しかし、排気速度30km/sの電気推進を使えば、装置と推進剤と電気推進に必要な装置の合計量は、衛星のわずか10%程度で済みます。

　簡単に考えるため、衛星全体の質量が半分に減ったと考えましょう。これは、これまでの打ち上げロケット1つで2台の静止衛星を打ち上げられるということです。打ち上げロケットの性能(搭載能力)を倍にするのは並大抵のことではありませんが、それと同じ効果を衛星の質量を半分にして達成できるのです。実際、このようなオール電化衛星の実用化が始まっています。

「技術試験衛星9号機」

通信コストの低減をめざす│2023年度打ち上げ予定のオール電化衛星。商業通信衛星を使用した通信コスト削減をめざし、新たな電気推進を開発し、軌道上で技術を実証する予定。

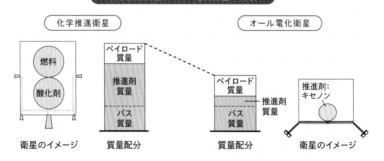

化学推進衛星とオール電化衛星の比較

オール電化衛星のメリット│仮に衛星の本体が2tだった場合、従来の化学推進では全体が4tになった。電気推進を使うと2.2tで済み、打ち上げロケットが運ぶ衛星の質量が約半分くらいまで減る(出典:JAXAサイト「技術試験衛星9号機」を改変)。

より小さく、より速く、より安く

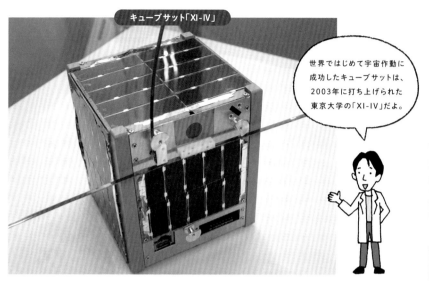

キューブサット「XI-IV」

世界ではじめて宇宙作動に成功したキューブサットは、2003年に打ち上げられた東京大学の「XI-IV」だよ。

手のひらサイズの超小型衛星｜2003年以降、多くの大学や企業が教育や事業のためにキューブサットを宇宙へ飛ばしている。2013年頃から打ち上げ数が増加して実用化時代に突入した（©東京大学）。

　オール電化衛星の良いところは、衛星の軽量化による打ち上げ費用の低減とも言えます。さらに、衛星を超小型サイズにすれば、打ち上げ費用も大幅に下げられます。そこで超小型衛星(p.146)が注目されています。

　宇宙開発はとても魅力的な分野ですが、単純にお金がかかりすぎます。巨大な打ち上げロケット（だいたい100億円）は、とても気軽に買えません。失敗できないので、無難な設計が求められ、開発には長い時間とたくさんのお金が必要です。これでは衛星をつくる人たちも、そこで使う技術もあまり育ちません。次の打ち上げではさらにお金と時間がかかるという負の連鎖も生まれます。

　一方、超小型衛星は、小さいものは1kgという軽さで打ち上げ費用を劇的に下げ、負の連鎖を断ち切ります。性能は犠牲にしても、多くの人が高い頻度で衛星をつくるようになり、人と技術の成長が進む正の連鎖に期待しているのです。

5 時間目

月のことを知りたい！
水・岩石・地形

人類が月に降り立ってから半世紀が経ちました。空を見上げれば見える月のことはよく知っている気がします。ところが実は、21世紀になってから、世界各国による探査により、月に水が確実にあることがわかり、大きな洞窟の存在も明らかになってきたのです。

月はカサカサに
見えるよ？

近くて遠い月をめざせ

　地球のまわりを離れて、別の天体として月探査に目を向けてみましょう。現在、世界各国の宇宙機関がめざしている探査地は月、さらにその先に火星を見据えています。キーワードは水と生命。

　月は地球を1周する時間が約27日で、「1か月」のもとになっています。この公転の周期が月の自転の周期と完全に一致しているため、月は常に表面を地球に向けています。つまり、探査機を飛ばさない限り、裏面の完全観測はできません。月は太古の昔から人間に見られてきましたが、つい最近になるまで裏側を一度も見せたことがなかったなんて、何とも面白いものです。

月までの距離｜静止衛星と地球の距離は、そのあいだに地球が3個入るくらい。一方、月の場合、その距離は地球30個分。比べると月はかなり遠いことがわかる。

月

静止軌道
（GEO）

地球低軌道
（LEO）

月に水はある？ ない？

　アメリカのアポロ計画では、月近くの空間に水の存在を示すデータが得られました。その存在を決定づけたのは、インドの「チャンドラヤーン1号」(2008年打ち上げ)の測定です。測定器を月面に落とし、舞い上がったちりの中から氷の存在を検出したのです。同時に、測定器が降下中にはアポロ以来はじめて水蒸気を検出。さらに、月面の至るところに水和物が存在し、それが極域で多いことを発見しました。また、アメリカの「エルクロス」(2009年打ち上げ)は、打ち上げロケットの第2段を月面に衝突させ、その噴出ガスの内部を通過し、5.6％もの水を検出しました。現在、月の水の存在は多くの科学者が認めています。

約50年前に彼らは「月の石」を地球に持ち帰ったよ。

「アポロ14号」の月面探査

観測機器類を準備する宇宙飛行士｜「アポロ14号」は水蒸気イオンの存在を観測。ただ、それは月面ではなく、月近くの空中だった(©NASA)。

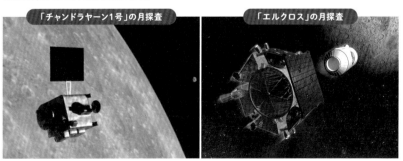

「チャンドラヤーン1号」の月探査　　　「エルクロス」の月探査

左）月の水の存在を決定づけた｜インドの探査機名はヒンディー語で「月の乗り物」(©Doug Ellison)。
右）月の水を検出｜LRO(p.105)と共に打ち上げ。月の南極域で水の存在を確認(©NASA)。

月の水の探査の歴史

私にとって月は
特別なものだったから、
『月面』というSFを
書いたんじゃよ。

※邦題『月世界到着！』
（早川光雄訳、国土社、1964年）

ツィオルコフスキー博士

1971年・アメリカ
「アポロ14号」

月表面の熱イオンを検出する実験で、月面近くの水蒸気イオンを観測。月から持ち帰った42.75kgの岩石は、近年の研究により地球由来という説も出ている。

1998年・アメリカ
「ルナ・プロスペクター」

「クレメンタイン」により発見された氷を高い精度で再確認。水蒸気の発生を地球から確認するため、月の南極のクレーターに衝突させる試みは失敗した。

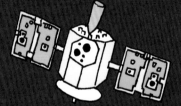

1994年・アメリカ
「クレメンタイン」

月の周回軌道からの観測により、太陽の当たらない月の両極のクレーターに堆積する氷を発見。

2007年・中国
「嫦娥1号」

搭載したCCDカメラにより、月面の3D画像を撮影。月の氷があるとされる極域の詳細な撮影を試みた。

2005年・アメリカ
「ディープ・インパクト」

目的の彗星に向かうための月フライバイの際の観測で、月の水の存在を示すデータを得た。

2009年・アメリカ
「ルナー・リコネサンス・オービター」
「エルクロス」

第2段ロケットと子衛星「エルクロス」を月の南極に衝突させ、巻き上がった噴煙から、凍った水の存在を確認した。

2020年・アメリカ、ドイツ
「ソフィア」

赤外線望遠鏡による観測で、月のクレーターの表面で水分子を検出。月の両極に限らず、月面に広く水が存在する可能性を示した。

2008年・インド
「チャンドラヤーン1号」

小型の月面衝突ユニットを分離して月の南極に衝突させ、発生したちりの分析から、月面の水の存在を決定づける結果を得た。月の極にある氷の総量は6億t以上という試算もされている。

月の水は
氷の状態だと
いわれているよ。

月の巨大洞窟を発見！

NASAのアポロ計画以来の大型月探査機「SELENE（セレーネ）」。愛称は「かぐや」。2つの子衛星「おきな」と「おうな」と合わせて3tになる"巨体"は、国産H2Aロケットで2007年に打ち上げられました。「かぐや」は、月の磁場の観測装置などさまざまな機器を搭載して数々の成果を収めました。中でも地形カメラが捉えた、マリウス丘にある巨大な縦穴が注目されています。有人月探査の際に、放射線や隕石を避けられる基地としての利用が期待されているのです。

月周回衛星「かぐや」｜2007年に打ち上げられ、月の高度約100kmの極・円軌道を周回して探査を行った（©JAXA）。

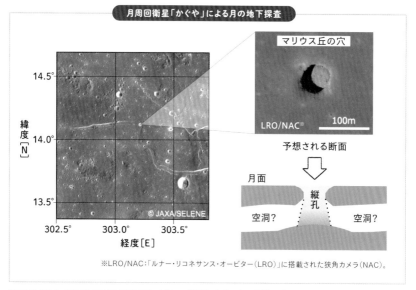

探査基地として期待される洞窟｜「かぐや」の探査により、月の表側にあるマリウス丘に、直径深さ共に50mの縦孔と、そこから横に約50km延びる洞窟が発見された（©JAXA）。

驚きの鮮明画像で月の姿が明らかに

月のクレーター「ティコ」

ここが
ティコ！

月面｜月の南部に位置するティコ
から放射状に広がる白い模様「光
条」が見られる。

ここが
頂上！

ティコ｜直径約85km、深さ
4,850mの円形。約1億年前の
天体衝突でできた。

上）「ルナー・リコネサンス・
オービター（LRO）」が撮影した
月面に延びる影｜
高さ約2,000mの月面クレー
ター「ティコ」の中央ピーク
（©NASA/Goddard/Arizona
State University）。

3章

宇宙で何をする？

　「ルナー・リコネサンス・オービター
（LRO）」は、将来の有人月探査の可能性
をさぐることを目的として、2009年に
アトラスV型ロケットで月に向けて打ち
上げられました。LROは月周回軌道に
入り、月の詳細な地図を作りました。こ
れは将来の有人月探査の際の着陸地
点の選定に用いられます。さきほど紹

「ルナー・リコネサンス・オービター（LRO）」｜
人類が月面に残した痕跡など鮮明な画
像を撮影した（©NASA）。

介した「エルクロス」は、LROの打ち上げロケット変更に伴い、低コスト・
短期間で開発できる探査として提案され、共に打ち上げられました。

電気推進の父
―アーネスト・ストゥリンガー

　米ソ宇宙開発競争時代のスーパースターといえば、ウェルナー・フォン・ブラウンでしょう。大戦中はドイツのV2ロケット開発の中心となり、戦後は米国アポロ計画のロケット開発の中心となった重要人物です。国を変える翻然とした姿勢を避難する声もありますが、「国」に興味がないだけで宇宙ロケットへの忠義の人です。そのフォン・ブラウンと共にドイツから亡命してきた一人が、ここで紹介するアーネスト・ストゥリンガーです。亡命から日の浅い1947年のある日、彼はフォン・ブラウンから電気推進の研究を進めるように指示されます。ただ、ストゥリンガーは気が進みません。化学反応を使った打ち上げロケットは大戦中にその片鱗を見せ、その後の宇宙開発では主役となります。それに比べ電気推進は当時、影も形もなく、まるで左遷されたように感じたかもしれません。たしかに、電気推進マニアの私でも、当時の状況ならば化学推進を選びたいと思ったかも……。そんなストゥリンガーに、フォン・ブラウンは「いつの日か電気推進ロケットで火星に向かうことになっても、私はちっとも驚かない」とげきを飛ばしました。その12年後、ストゥリンガーは研究をまとめて『宇宙飛行のため

ストゥリンガー（左）とフォン・ブラウン。1957年にウォルト・ディズニー・スタジオにて、テレビ映画に登場する火星へ向かう原子力宇宙船について議論している（©NASA）。

のイオン推進』を執筆します。この本は電気推進の古典的教科書となり、現在、ストゥリンガーは誰もが認める電気推進の先駆者です。さらに、電気推進ロケット協会における最高の栄誉である賞は「ストゥリンガーメダル」と称されています。ただ、それでも、まだフォン・ブラウンのほうが有名ですかね。いつか電気推進で火星に向かう日が来たら、ストゥリンガーは「宇宙航行の父」となっているかもしれません。

4章

宇宙はどこまで行ける?

アポロ計画で月面に人類が降り立ってから半世紀。その月を拠点にした、新たな宇宙開発の計画が始まっています。月を「港」にして、もっと遠い宇宙をめざすのです。また、超小型衛星による深宇宙探査も本格化しています。これらの探査を実現するのが「スイングバイ」航法であり、小型イオンエンジンなどの新技術です。本章では、生命の謎に迫る深宇宙探査をひも解きます。

月から
もっと遠くの宇宙へ

人類が月面に着陸して半世紀が経ち、いまふたたび月への注目が集まっています。かつては人類未踏の地へ行くことが最大の目標でしたが、近年は月を資源として開発することをめざしています。さらに遠い深宇宙※へ行くための"港"としての期待も高まっています。

※深宇宙：地球から200万km以上離れた宇宙。地球からの距離は、月が38万km、地球に近い惑星である水星が平均1億5,000万km、火星が平均2億3,000万kmです。

なぜ月からなの？

 ## 知っているようで知らない月

　地球をバスケットボールに例えると、月の大きさは野球ボールくらいです。このバスケットボールを、高さ3.05mにあるバスケットのゴールにセットして、6.75m離れたスリーポイントラインに野球ボールを置くと、ちょうど地球と月の関係になります。また、月は地球の重力に束縛されているイメージがあると思いますが、月まで行くと地球の重力は地上の200分の1以下となります（ただ、これは月面上の重力とは別の話なので注意してください）。

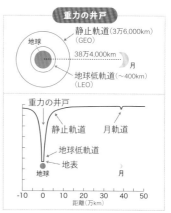

重力の井戸

上）地球周回軌道と月までの距離｜ISSが飛ぶLEOや気象衛星が飛ぶGEOに比べ、月は地球からかなり遠い。
下）重力エネルギーの分布｜重力の作用を坂に見立てると、地球表面は坂のもっともきつい底に当たる。

月はより遠い宇宙へ向かうための「港」

　近いようで遠く離れた月を、深宇宙に向かうための港に使用するという構想が広がっています。これまで「国際宇宙ステーション（ISS）」は宇宙のシンボルとして活躍してきました。しかし、その高度は400kmと、宇宙スケールで見るととても小さい値です。実は宇宙から地球を見ると、ISSは地球の上に乗っているようなもの。人類が広い太陽系に飛び出す次のステップとして、月を周回する宇宙ステーションを構築しようというのが新たな流れです。

　ただ、火星など太陽系のほかの惑星に行こうとした場合、実は月に一旦立ち寄るのは、エネルギー的には損でしかありません。それでは、なぜ、月軌道上のステーションがこれほどまでに注目を浴びてきているのでしょうか？

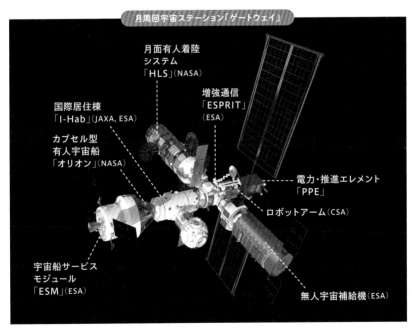

月周回宇宙ステーション「ゲートウェイ」

月面有人着陸
システム
「HLS」(NASA)

増強通信
「ESPRIT」
(ESA)

国際居住棟
「I-Hab」(JAXA, ESA)

カプセル型
有人宇宙船
「オリオン」(NASA)

電力・推進エレメント
「PPE」

ロボットアーム(CSA)

宇宙船サービス
モジュール
「ESM」(ESA)

無人宇宙補給機(ESA)

ゲートウェイ（想像図）| JAXAは欧州宇宙機関（ESA）と共に、国際居住棟「I-Hab」に搭載される環境制御・生命維持システムやカメラなどを開発予定（©ESA）。

月探査を支援するゲートウェイ

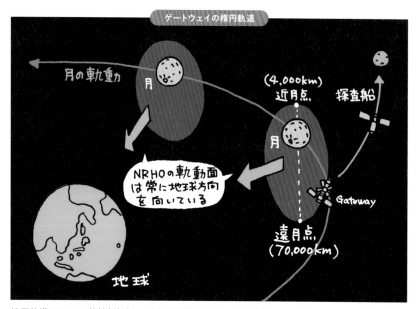

楕円軌道NRHOの特性｜地球との通信が常時確保され、月低軌道までより輸送コストが低く、月の南極探査の通信中継としても都合がいい（出典：JAXAのウェブサイトをもとに作成）。

　月軌道上の宇宙ステーションが注目される理由の１つは、太陽系を旅するための練習場です。地球のそばであれば数日で地球に戻れますが、太陽系を旅するとなれば年単位。地球の磁場に守られない宇宙における膨大な放射線は、有人活動の大きな障害です。人類はこれまで「国際宇宙ステーション（ISS）」で多くの経験を積みましたが、ほかの星における着陸やそこからのロケット発射の経験は少ないので練習が必要です。

　もう１つは将来的な月資源の利用です。地球から旅立つには巨大なロケットが必要ですが、重力井戸の底（p.108）にある地球から宇宙にモノを運ぶのはとても効率が悪い。しかし、もし地球の重力から解放された月面をスタート地点にできれば、この状況が一変します。月の鉱物資源を使って宇宙船をつくり、月の水を使って推進剤ができれば、地球から運ぶものは格段に少なくなります。

3Dプリンタでつくる月面の建物

月面基地の想像図

月の資源を利用する｜粉砕した月の岩石を直接利用して、自動制御された3Dプリンタなどの機械を遠隔操作して建設する構想（©ICON/SEArch+）。

　月の岩石の大部分は地球で見られるのと似た鉱物で、元素としてみると酸素、鉄、マグネシウム、アルミ、ケイ素、チタンなど、地上でなじみの深いものがたくさんあります。ただ、これらはすべて互いに結合した状態なので、分離するには大がかりな工場が必要です。そんな中、期待されている技術の１つが3Dプリンタ。地上のように元素を分離してから材料を作るのではなく、岩石を粉砕してそれを直接利用します。3Dプリンタにはもう１つ強みがあります。地上の工場では、車の部品、建物の部材、宇宙船のタンクなどすべて別々の機械でつくります。もし地上と同じ設備を月に揃えると大変な時間がかかります。一方で3Dプリンタは、つくるスピードこそいまは速くはありませんが、１つの装置からさまざまな形状を生み出せるので、何もない状態から基地や工場をつくり出すにはもってこいなのです。

ラグランジュ点に宇宙工場をつくろう!

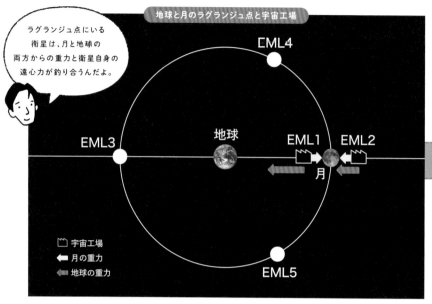

EML（Earth-Moon Lagrangian point）｜地球と月からの重力と遠心力が釣り合う場所のこと。EML1〜5
まである。また、ラグランジュ点は太陽地球系などあらゆる系に存在する。

　月の資源を利用して、宇宙で「宇宙船をつくる」ことも考えられます。月からは材料だけを運ぶのはどうでしょう。原料は粉末などであれば、月からの打ち上げロケット形状に合わせて自在に詰め込めますし、ロケットの振動対策を気にしなくていいでしょう。

　宇宙におけるモノづくりは、地上とはまったく変わったものになるはずです。重力と空気抵抗の影響から解放されたとき、これまで考えもしなかった斬新な宇宙船が誕生するに違いありません。

　宇宙工場をどこにつくるのがいいでしょうか。工場には地球および月から物資を送ることになりますが、どちらからも行きやすい場所に建てたいもの。そんな理想的な場所が、SFでもたびたび登場するラグランジュ点（EML）です。地球と月との位置関係を保ったまま地球を回る特別な5つの点で、EML1からEML5まで名前がつけられています。この中でもっとも使

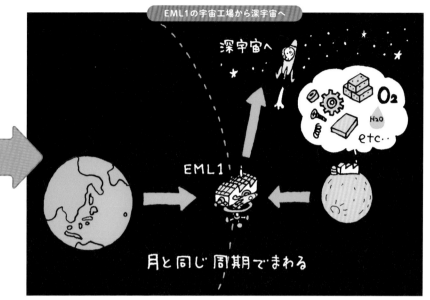

深宇宙へ

EML1

O₂

H₂O

etc…

月と同じ周期でまわる

EML1の宇宙工場構想｜地球からの通信を考慮すると、宇宙工場にもっとも適しているのはEML1となる。ここなら相当大きな太陽電池パネルを畳まずにつくることもできる。

い勝手が良いのが、地球と月のあいだにあるEML1と、月の裏にあるEML2。地球からも月からもアクセス性が抜群です。

ラグランジュ点に、地球からは人と食物と精密機器を、月からは構造部材と推進剤を運び、そこの宇宙工場で重力と空気抵抗に縛られない宇宙船を組み上げて太陽系へ旅立つ。何とも胸が踊る世界です。

上）太陽と地球のラグランジュ点｜次世代の「ジェイムズ・ウェッブ宇宙望遠鏡（p.25）」はL2に置かれる予定。
下）太陽と木星のラグランジュ点｜L4とL5付近にトロヤ群小惑星が位置する。

さまざまなラグランジュ点

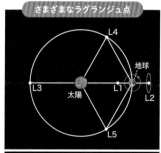

L4

地球

L3

太陽

L1

L2

L5

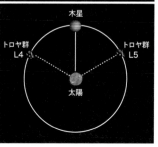

木星

トロヤ群
L4

トロヤ群
L5

太陽

イオンエンジンで小惑星へ

「はやぶさ」や「はやぶさ2」の探査で知られる小惑星。月よりはるか遠くにある惑星探査は困難を極めますが、地球誕生のひみつに迫るための挑戦が続けられています。小惑星探査機の強い味方が「イオンエンジン」という電気の力で進むエンジンです。

> 小惑星に行くのは
> 大変なの？

 ## 小惑星帯をめざして深宇宙へ

　月を港にして太陽系に飛び出し、最初に向かうのはどこが良いでしょうか。地球の隣の惑星である金星や火星も良い場所です。ただ、もっと手頃で、しかも興味深い天体が小惑星です。小さいものは数百m以下、大きいものは数百kmに及び、その総数は数百万個といわれています。

　小惑星で有名なのが、火星と木星のあいだにある小惑星帯と呼ばれる、小惑星が多数存在する領域です。ただ、太陽系は途方もなく広いので、何も考えずに小惑星帯に出向いても、小惑星に出

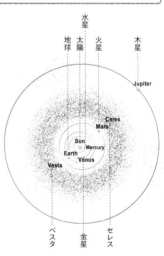

小惑星帯の位置｜火星と木星のあいだに存在する小惑星帯。小惑星ベスタと準惑星セレスは、NASAの探査機「ドーン」が探査に成功した（©NASA/McREL）。

合う確率はほとんどありません。

　しかも、最初に狙うのは小惑星帯には属していない「はぐれ小惑星」。この中には地球の近くを飛んでいるものもあるので、それらをターゲットにすれば、金星や火星よりはるかに簡単に行けます。そして、小惑星にはもう1つ良い点があります。もし天体に降り立とうとした場合、火星など重い惑星では重力に打ち勝ちながらゆっくりと降り立つのに一苦労しますが、重力の弱い小惑星であれば比較的楽に降りられます。

　では、小惑星に行って何か面白いことがあるのでしょうか？　写真を見る限り単に大きい岩という感じで、大気や雲に満ちた惑星に比べると見劣りしそう。しかし、この「大気がない」点こそが小惑星最大の魅力。大気がなく地殻の活動もない小惑星は、太陽系誕生当時の情報をいまだに記録している可能性があります。小惑星は太陽系のタイムカプセルなのです。

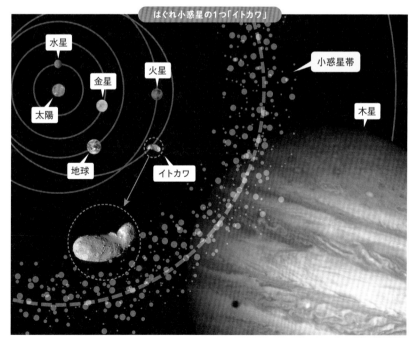

はぐれ小惑星の1つ「イトカワ」

水星
金星
火星
太陽
小惑星帯
木星
地球
イトカワ

「はやぶさ」が到着した小惑星「イトカワ」｜小惑星帯に属さない「はぐれ小惑星」で長径は500mを超える。いつか地球に衝突する可能性もある「潜在的に危険な小惑星」の1つ（©NASA、©JAXA）。

「はやぶさ」が成し遂げた世界初の小惑星サンプルリターン

小惑星探査機「はやぶさ」

低速通信アンテナ
太陽電池パネル
高速通信アンテナ
サンセンサー
化学エンジン（12基）
サンプル採集装置
イオンエンジン（4基）

● 質量　500kg
● 電力　1〜2kW

映画で
観たことあるよ！

深宇宙探査にイオンエンジンを使用した世界2例目｜直径10cmのイオンエンジンを4基搭載した「はやぶさ」。マイクロ波放電式は耐久性に優れ、4基累計4万時間の宇宙航行実績を誇った（©JAXA）。

　そんな小惑星に行ってきた探査機といえば「はやぶさ」そして「はやぶさ2」が有名ですね。「はやぶさ」を例に、まずはその姿を見てみましょう。全体の重さは500kgで、軽自動車よりも一回り小さい感じ。ひときわ目立つのは両側に開いた太陽電池パネルで、地球付近では最大2kWの発電能力があります。上部には高速通信用の大きなアンテナがあり、目立たないですが本体上の数か所に低速通信用のアンテナがいくつもあります。さらに、軌道を変更／制御するためのロケットエンジンとして、イオンエンジンと化学エンジンがあります。そして、下部には小惑星の岩石を採取する装置がついています。

　はやぶさシリーズの特徴は何といっても小惑星の岩石を「持ち帰る」

という高難度ミッション。先ほど、小惑星に行くのは簡単と述べましたが、それは「行く」だけの話。そこに「行って、戻ってくる」となると話は別です。実は、アメリカでもロシアでも過去の宇宙探査のほとんどは片道切符であり、地球には帰って来ませんでした。p.48で学んだロケット公式から、目的とするΔVが増えると必要な推進剤が激増することを思い出してください。往復というのは2倍ではなく、数倍大変な道のりになるのです。このために、はやぶさシリーズは、スイングバイ（p.118）とイオンエンジン（p.119）という2つの武器を駆使したのです。

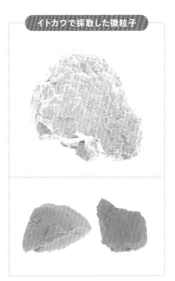

上）髪の毛くらいの微粒子（幅約50μm）｜イトカワの数十億年の歴史を読み解く鍵として解析が進められている。
下）水を含む微粒子（幅約2μm）｜世界ではじめて水の検出に成功した小惑星の試料（いずれも©JAXA）。

「はやぶさ」の軌道

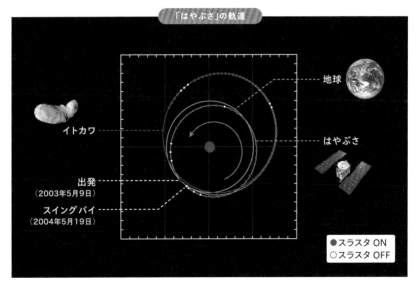

地球
イトカワ
はやぶさ
出発
（2003年5月9日）
スイングバイ
（2004年5月19日）

●スラスタ ON
○スラスタ OFF

エンジンとスイングバイの併用｜イオンエンジンで加速をして、地球を利用したスイングバイ（p.118）を行い、小惑星イトカワへ向かう楕円軌道に入ることに成功。世界初の技術実証だった。

「はやぶさ」が駆使した2つの武器

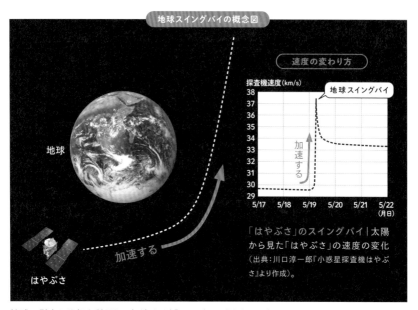

地球スイングバイの概念図

速度の変わり方

探査機速度(km/s)

地球スイングバイ

加速する

地球

加速する

はやぶさ

「はやぶさ」のスイングバイ｜太陽から見た「はやぶさ」の速度の変化（出典：川口淳一郎『小惑星探査機はやぶさ』より作成）。

地球の引力と公転を利用して加速する｜「はやぶさ」が地球に出合った5月19日に加速され、その後、33.4km/sに落ち着くが、スイングバイ前と比べて3.8km/sも加速されている。

　1つ目の武器であるスイングバイは、惑星の重力を利用して探査機を加速する方法です。加速の原理はのちほど説明するとして、その肝は、惑星のすぐ近くを通り過ぎて、軌道を大きく曲げてもらうことです。「はやぶさ」は、地球から出発して1年間は地球に比較的近いところを飛んでいました。前ページの軌道図を見ると地球の輪より少し右下にズレた輪が「はやぶさ」の1年目の軌道です。その後、再度地球に近づいたときに、地球の重力で大きく進路を変えて小惑星イトカワに向かったのです。

　「はやぶさ」の2つ目の武器であるイオンエンジンは、電気の力を使う電気推進ロケットです。電気の力を使うと燃焼の10倍の速さを達成できます。つまり、とても燃費が良く、しかも太陽電池は常に発電し続けられるので、そのエネルギーを長時間もらってモノを加速します。

イオンエンジンで軌道を変更するには

　「はやぶさ」では、地球スイングバイとイオンエンジンを組み合わせました。地球を飛び出した「はやぶさ」は、そのままでは1年後に地球に最接近することができません。少しズレた軌道を飛んでいるのをイオンエンジンで少しずつ修正して、1年後の最接近を実現。この1年間にイオンエンジンが達成した軌道変換量がスイングバイで一気に解放されます。スイングバイのあと、「はやぶさ」の軌道はイトカワの軌道に近づき、さらにイオンエンジンを使って軌道をイトカワに合わせました（p.117）。

1. イオンエンジンを使わなかった場合の軌道

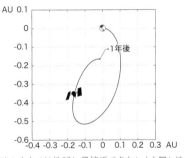

そのままでは地球に最接近できない｜太陽と地球の位置に対する「はやぶさ」の位置で示した軌道の推測図。地球スイングバイを実施できない。

2. イオンエンジンで軌道変更

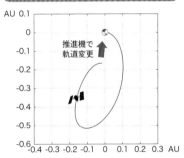

はやぶさを地球に近づけたい｜イオンエンジンを使用して軌道変更すれば地球スイングバイを実施できる。

3.「はやぶさ」の軌道変更

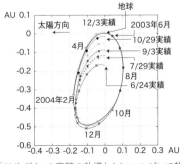

「はやぶさ」の実際の軌道｜イオンエンジンで軌道を変えながら徐々に地球の軌道に合っていく様子。

地球スイングバイをしたいので、イオンエンジンを使って地球に近づけたんだよ。

3 時間目

火星のことを もっと知りたい

火星は地球の隣にある惑星で、探査車を使った調査によりその姿が明らかになりつつあります。地球からの距離は月の600倍とかなり遠いため、火星に到着するだけでも大変。さらに、探査車を火星表面に送り届けるには、火星の重力に抗いながらゆっくり降りなければいけません。

火星って
どんな星なの?

地球の高度30kmのような環境の火星

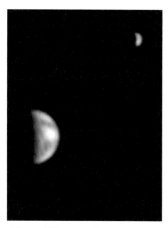

火星から撮影された地球と月（2003年5月8日撮影）｜地球の白い部分はアメリカ大陸の雲。月の下部の明るさはクレーター「ティコ」に起因（©NASA/JPL-Caltech/Malin Space Science Systems）。

火星は、その昔は地表に水が流れ、生命がいたかもと考えられている惑星です。火星の大きさは地球よりも一回り小さく、地球より大きい軌道をゆっくりと回っているので、1年の長さは687日と地球の2倍近くあります。一方、地球とほぼ同じ速さで自転しているので、1日の長さは地球とほぼ同じ。

地球と同じように大気があるのですが、その濃さは地上の100分の1ととても薄い。大気という服を着ておらず、太陽から離れているので、平均気温は−60℃

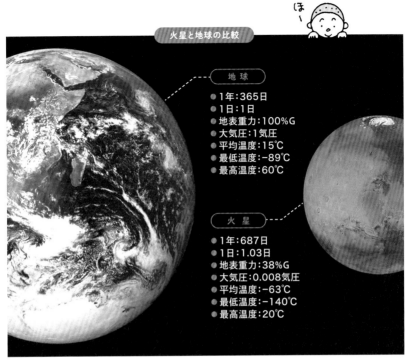

地球

● 1年：365日
● 1日：1日
● 地表重力：100%G
● 大気圧：1気圧
● 平均温度：15℃
● 最低温度：-89℃
● 最高温度：60℃

火星

● 1年：687日
● 1日：1.03日
● 地表重力：38%G
● 大気圧：0.008気圧
● 平均温度：-63℃
● 最低温度：-140℃
● 最高温度：20℃

火星と地球の1日｜火星は地球とほぼ同じ速さで自転しており1日の長さはほぼ同じ。将来、人類が火星に移住したときに生活リズムを崩さずに済みそう（©NASA）。

くらいと寒い惑星です。

　こうして見ると、火星で暮らすのは現実的でないように感じますが、地球の隣にある金星に比べるとはるかに優良物件です。金星の大きさは地球とほぼ同じで、しっかりとした大気もあります。しかし、その大気の圧力は地球の100倍で、温度は400℃と天ぷら油よりも高い。地球でいうならば、深海数千mの熱水噴射口あたりに近い環境でしょうか。これに比べると、火星のほうが随分と優しい環境です。

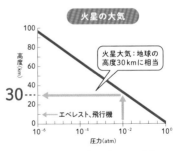

火星の大気

地球の100分の1気圧｜火星の大気は、地球の窒素と酸素と異なり、ほとんど二酸化炭素からなる。

火星は地球と比べて大気が薄いので、熱が大気に奪われにくい。だから-63℃といっても、地球上で感じる寒さとは違うだろうね。

4章 宇宙はどこまで行ける？

③ 時間目

🚀 ステップ1 : 地球の重力を脱出するには

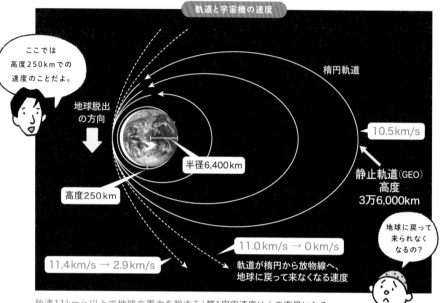

軌道と宇宙機の速度

ここでは
高度250kmでの
速度のことだよ。

楕円軌道

地球脱出
の方向

10.5km/s

半径6,400km

静止軌道(GEO)
高度
3万6,000km

高度250km

地球に戻って
来られなく
なるの?

11.0km/s → 0km/s

11.4km/s → 2.9km/s

軌道が楕円から放物線へ、
地球に戻って来なくなる速度

秒速11km/s以上で地球の重力を脱する | 第1宇宙速度は人工衛星になる、
高度300kmにおける最低速度7.7km/s(p.49)のこと。第2宇宙速度は地球の重力を脱出する速度。

　火星に行くためには、まず地球の重力の坂から脱出しなければいけません。右の図のような大きく広がったくぼみをイメージして、その底にあるビー玉を外にはじき出すことを考えましょう。ビー玉がある速さをもっていれば坂の

地球の"重力の井戸"

急な坂からなだらかな曲面へ | すべて
の宇宙機が克服すべき壁。p.108の図も
参照(©NASA)。

途中で円を描いて転がり続けることができます(p.15図のビー玉と同じ)。このビー玉の速さを大きくしていくと描く円は大きくなります。くぼみから飛び出してちょうど外で止まってしまうような速さを第2宇宙速度と呼びます。そして、さらに速さを大きくすれば、ビー玉は勢いをもってくぼみを離れていきます。これが地球脱出です。例えば、高度250kmで11.4km/sの速さまで上げれば、地球から2.9km/sで遠ざかれます。

ステップ2：火星に到達するには

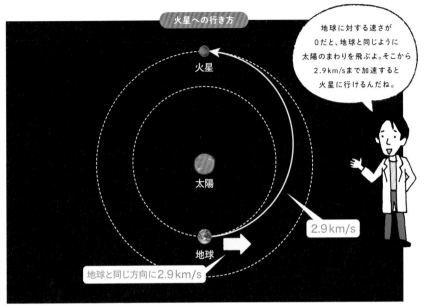

火星への行き方

地球に対する速さが
0だと、地球と同じように
太陽のまわりを飛ぶよ。そこから
2.9km/sまで加速すると
火星に行けるんだね。

火星

太陽

2.9km/s

地球

地球と同じ方向に2.9km/s

地球の進行方向に地球より2.9km/s速く｜火星の軌道は楕円に近いので、タイミング次第で
「2.9km/s」という値は変化する。2.9km/sは、平均的な火星の位置を考えた場合の値。

　地球の重力から脱出したあとは、視点を太陽まわりに変えましょう。地球は太陽のまわりを30km/sという速さで回っています。ある速さで地球から遠ざかっていくのは、地球の速さにその速さを足すということです。速さを足す方向は加速をする場所次第で選べ、もしその方向を地球と同じ方向にすれば、探査機は地球が描く円より大きな楕円を描いて太陽の周囲を回ります。このとき2.9km/sの速さをもっていれば、火星の軌道に届きます。

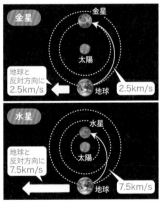

金星

金星

太陽

地球

地球と
反対方向に
2.5km/s

2.5km/s

水星

水星

太陽

地球

地球と
反対方向に
7.5km/s

7.5km/s

上）金星に行くためには｜速さの向きを
地球と反対方向にして、楕円を小さくし
て金星へ向かう。

下）水星に行くためには｜金星に向か
うときの速度よりさらに大きな速度で地
球と反対方向へ向かう。

4章
宇宙はどこまで行ける？

探査の方法は大きく3つ

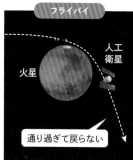
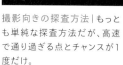
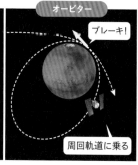

撮影向きの探査方法｜もっとも単純な探査方法だが、高速で通り過ぎる点とチャンスが1度だけ。

何度も観測できる探査方法｜探査機が目的の惑星の衛星になる。フライバイの最中に急ブレーキをかける。

直接観測できる探査方法｜コイズミ博士がカプセル回収に立ち会った「はやぶさ」は地球ランダー。

　探査機が火星に近づいたとき、探査機の速さは火星の速さよりも遅いため、探査機から見ると火星が近づいてくる状態になります。このときの探査機と火星の（太陽系スケールで見ると）わずかな位置関係を調整しますが、この調整のしかたによって惑星探査には3種類の探査方法があります。探査機が火星のすぐ側を通り過ぎるようにすると、火星の重力で軌道が曲がるだけで、探査機は通り過ぎたまま戻ってきません。この一瞬で観察をするのが1つ目の「フライバイ」。次に、火星を通り過ぎる瞬間にブレーキをかけると、探査機を火星の重力に捕らえられます。これが火星まわりの人工衛星となり、長期的な観測が可能になります。このような探査機が2つ目の「オービター」です。

　探査機はまた、火星表面にギリギリ当たる状態に調整し、そのあとに大気抵抗や逆噴射を使うと火星表面に着陸することができます。このような着陸機が3つ目の「ランダー」です。

　以上の3つの探査方法は、何を調べたいのかという目的に合わせて選択されます。フライバイはおもに撮影、オービターは長時間観測、ランダーは地上探査車（ローバー）などで採用されます。

火星の地上で実績を残した探査車

火星の岩石を調べる「キュリオシティ」

化学分析カメラ
（ChemCam）

100mm
高解像度カメラ
（NAC）

ナビゲーション
カメラ（Navcams）

高速通信アンテナ

ロボットアーム

ドリル

アーム、カメラ、レーザーを駆使する｜2012年に火星に着陸。火星の生命の存在に近づく成果を挙げている。「パーサヴィアランス」着陸後も稼動（©NASA/JPL-Caltech）。

火星への着陸はとても大変なものです。まず、探査機は、探査機と火星の速度差に加えて火星の重力による加速を受けて、高速で火星大気に突入します。このときの大気抵抗による大量の熱をヒートシールドで耐え抜きます。熱が一段落するとパラシュートによる減速を行い、続いてロケットエンジンを逆噴射してさらに減速、ホバリングを行います。最後にクレーンを使って探査車をゆっくり地表に降ろして完了。こうして探査車はようやく火星探査を開始できるのです。

探査車の着陸

着陸機「スカイクレーン」と「キュリオシティ」｜すべて自動運転。着陸に要する時間は約7分だが、火星と地球の通信時間は10分以上かかる（©NASA/JPL-Caltech）。

4章
宇宙はどこまで行ける？

4 時間目

巨大ガス惑星と生命の可能性

木星は、太陽系の中でもっとも大きな惑星。直径は地球の11倍！地球外生命の存在が期待される衛星エウロパなど興味が尽きない巨大ガス惑星です。その巨大な重力による「スイングバイ」の威力は絶大で、太陽系外へ旅立つ出発点でもあるのです。

> ここでも
> スイングバイ？

太陽系でいちばん大きな惑星

木星は太陽系最大の惑星であり、その直径は地球の11倍で、大きさは内部に地球が1,300個入るくらい。木星を含めてそれより外側にある太陽系の惑星（外惑星）はどれもサイズが大きく、土星の直径も地球の約10倍、天王星と海王星の直径も約4倍です。これら外惑星は、太陽から遠く離れていることも特徴です。火星より内側の惑星（内惑星）は、直径5億kmの円に収まっているのに対し、木星から海王星までの外惑星は直径90億kmの円に散らばっているのです。

木星の姿で目を引くのは、その美しいマーブル模様。この模様は雲の流れによるものです。その中でも特に目立つ大赤斑は台風のようなものと考えられています。しかし、この台風は、地球より大きなサイズなうえ、詳細な観測が始まってから200年近く存続しており、地球の季節的な台風とはまったく異なるものかもしれません。さらに、最新の木星

探査機「ジュノー」が撮影した木星南極の写真は、さまざまな渦がうご
めく魅惑的なものでした（p.137）。

　雲の動きが特徴的という点で、木星は地球と似ているとも言えます
が、大きく違う点は陸地がないことです。これらの雲をかき分けて降り
ていっても、陸地にはたどりつきません。これは土星も同じで、木星お
よび土星は巨大ガス惑星と呼ばれています。なお、星の内部にどこま
でも降りていくと、超高圧の液体水素や金属水素の世界が広がり、そ
の最深部には固体の核があると考えられています。ただ、これらは地
球でいえばマントルや核にあたるもので、海や陸地というイメージとは
まったく異なります。

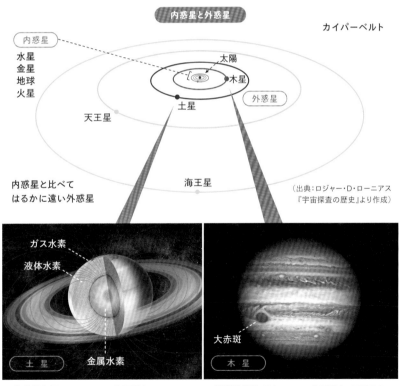

内惑星と外惑星

カイパーベルト

内惑星
水星
金星
地球
火星

太陽

木星

外惑星

天王星

土星

内惑星と比べて
はるかに遠い外惑星

海王星

（出典：ロジャー・D・ローニアス
『宇宙探査の歴史』より作成）

ガス水素
液体水素

土星

金属水素

大赤斑

木星

●軌道長半径：9.6AU 　●表面重力：107%G
●1年：29.5地球年 　●上層気圧：1.5気圧
●1日：0.44地球日 　●平均温度：−28℃
●直径：12万km

●軌道長半径：5.2AU 　●表面重力：253%G
●1年：11.9地球年 　●上層気圧：0.2〜2気圧
●1日：0.41地球日 　●平均温度：−121℃
●直径：14万3,000km

（いずれも©NASA）

水の噴出が観察された衛星エウロパ

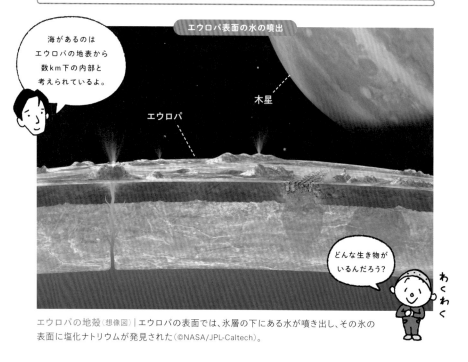

エウロパの地殻（想像図）｜エウロパの表面では、氷層の下にある水が噴き出し、その氷の表面に塩化ナトリウムが発見された（©NASA/JPL-Caltech）。

　木星や土星で最近の注目を集めているのはその衛星、中でも木星の衛星エウロパと土星の衛星エンケラドス（p.138）です。これらの衛星は、地球外生命体が存在する可能性がもっとも高いと考えられています。その根拠は水です。月にも水があるかもという話をしましたが（p.101）、それはたくさんの岩石の中にわずかに含まれているという話でした。一方、エウロパやエンケラドスには水の海があり、そこに生命がいるのではと考えられているのです。しかし、海といっても表面にはありません。太陽から遠く離れたこれらの星の表面はとても冷たく、すぐに凍ってしまいます。海があると考えられているのは地表から数km下の内部です。いわば太陽の光が届かない深海のような場所ですが、地球でも深海の熱水孔付近で生態系が築かれているように、エウロパやエンケラドスの深海にも生命がいるかもしれません。

外惑星の探査は難しい！

探査機「ジュノー」

探査機「ガリレオ」

左）技術者が調整中の「ジュノー」｜高性能の太陽電池の搭載により、木星以遠ではじめて原子力電池から解放された（©NASA）。
上）最後は木星に突入した「ガリレオ」｜太陽光が弱い場所に行くため機体が黒っぽく、原子力で発電（©NASA）。

　このように木星や土星の探査はとても印象的かつ魅力的ですが、実はこれまでの探査の数はごくわずかです。なぜ少ないのでしょうか？それは単純に遠すぎるために、大きな壁が２つあるのです。１つ目の壁は電力です。人工衛星や探査機の生命線である電力は太陽電池により作られていました。しかし、太陽からの距離によって発電能力は大きく落ち、地球付近に比べて、発生電力は木星では4％、土星では1％と激減するのです。２つ目の壁は、到達に必要な加速量が大きいことです。火星と同じ方法で土星に行こうとすると、地球出発時の速さは15.2km/sにも達します。地球低軌道（LEO）に達したあとに7.4km/sもの加速が必要となると、運べるものはとても少なくなります。

　実際、これまで木星の周囲を回って観察した探査機は２基だけ、上の写真にある「ガリレオ」と「ジュノー」です。

スイングバイを使って土星へ

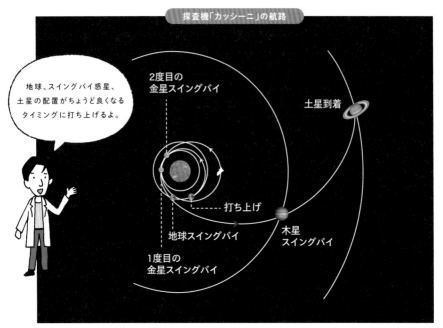

探査機「カッシーニ」の航路

地球、スイングバイ惑星、土星の配置がちょうど良くなるタイミングに打ち上げるよ。

2度目の金星スイングバイ

土星到着

打ち上げ

地球スイングバイ

木星スイングバイ

1度目の金星スイングバイ

金星スイングバイが肝｜地球から金星を使って木星へ、そこからめざす土星へ行く航路は、現在では王道となった。

　もう少し、「ガリレオ」と「ジュノー」を比べてみると、明らかに違う点が太陽電池パネルの有無です。ガリレオは太陽の光を使わずに、原子力を使って発電を行っているのです。原子力は太陽電力の壁を克服する方法の1つ（p.131）。ただ、原子力の利用には多くの困難が伴うため、否応なく使用していると表現したほうがいいでしょう。

　次に、唯一の土星オービター探査機である「カッシーニ」を見てみましょう。ガリレオと同じように原子力を利用して発電を行っています。また、カッシーニが土星に至った軌道を見てみると、まっすぐには土星に向かわず、むしろ地球の内側の金星軌道に近づいています。これは「はやぶさ」でも出てきたスイングバイ（p.118）を利用しているためです。このスイングバイこそが2つ目の壁を克服する方法で、太陽系脱出の鍵とも言えるものです。

原子力電池でもっと遠くの宇宙へ

　「ガリレオ」や「カッシーニ」が利用した原子力を使った発電装置は、原子力電池です。プルトニウム238という原子は、放っておくと自然と少しずつウラン234に変化します（放射性崩壊）。このときの変化が「核分裂反応」で、大量のエネルギーを放出します。そのエネルギーの一部を熱に変え、さらにその一部を電気に変えるのが原子力電池。放出エネルギーのごくわずかしか電気に変えられないため、同じ重さの装置で見ると、発生電力は地球付近での太陽電池の10%程度です。しかし、太陽光の強さに依存しないため、木星や土星では太陽電池よりも多くの電力を生み出します。また、もう1つの特徴が寿命。プルトニウムが徐々にウランに変わるため、利用できる時間には限りがあります。しかし、88年使ってやっと出力が半分になるので、とても長寿命です。

打ち上げに向けた調整｜1997年打ち上げ、2004年に土星軌道へ入って以降、2017年まで探査を続けた（©NASA）。

「カッシーニ」に搭載された原子力電池｜原子力電池はほかにボイジャー、ユリシーズなどの探査機に搭載された（©NASA）。

4章 宇宙はどこまで行ける？

5
時間目

スイングバイで太陽系外へ

地球からはるか遠い木星より遠い土星。その土星のリング「土星の環」は小さな氷の粒だと発見したのは探査機「カッシーニ」でした。木星よりさらに遠い天王星や海王星まで行き、さらに太陽系を脱出しようとすると、スイングバイに頼る必要があります。

土星より
さらに遠くまで
行けるの？

 ## スイングバイのしくみ

　宇宙探査の必殺技とでも言うべき「スイングバイ」、その原理は野球のバッティングと同じです。ピッチャーが投げたボールを、ピッタリの位置とタイミングのバットスイングで力強く弾き返すと、ボールはピッチャーの投げた速さ以上で、球場の外へと飛んでいきます。ボールを探査機、バットを惑星に置き換えます。ただし、ボールとバットは直接当たって弾かれるのに対して、探査機と惑星は重力の影響で弾かれます。

　3時間目に「フライバイ」という探査方法を紹介しました（p.124）。探査機が惑星の側を通り過ぎようとすると、重力によって軌道が曲げられてしまう現象を利用しています。フライバイとスイングバイの原理は同じで、観測に着目するときはフライバイ、軌道を積極的に変更する場合にスイングバイと呼びます。そのしくみを理解するために、上図のように左下からやってきた探査機が、木星の重力により曲げられて左上に飛

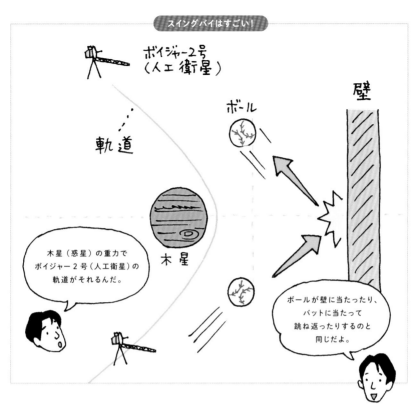

ボイジャー2号
(人工衛星)

壁

ボール

軌道

木星(惑星)の重力で
ボイジャー2号(人工衛星)の
軌道がそれるんだ。

木星

ボールが壁に当たったり、
バットに当たって
跳ね返ったりするのと
同じだよ。

んでいく様子を考えます。これは壁へ斜めにボールを当てているのと同じ。ただ、止まっている壁にボールを当てても加速はされませんね。大事なのは向かってくる壁(バット)にボールを当てることです。そうすると、ボールは壁の勢いをもらうことができるのです。スイングバイもフライバイも同じく、向かってくる星に突っ込み、振り投げてもらうことで星から少しだけエネルギーをもらって加速するのです。

バットが惑星
ボールが探査機
だね!

驚くべき「ボイジャー2号」の軌跡

探査機「ボイジャー2号」

技術者による整備中｜1977年に打ち上げられた「ボイジャー2号」は、太陽系を脱出して恒星間宇宙に入った2基目の探査機として、いまも飛び続けている（©NASA）。

　スイングバイは多くの探査機で使用されてきましたが、最大限に活用した探査機は「ボイジャー1号・2号」でしょう。1号は、木星と土星のスイングバイで加速して太陽系を脱出し、太陽からもっとも遠方に至っている人工物です。2号は連続スイングバイを駆使して木星、土星、天王星、海王星と4つの惑星のフライバイ探査を成し遂げました。ここでは、ボイジャー2号のスイングバイを簡単にして説明しましょう。まず、地球から脱出して右上図の黄色の大きな楕円軌道に乗ります。重力の坂を駆け上りながら進み、木星にたどりついたときには②の速さまで下がっています。ここで、木星から見るとボイジャーの速さは11.3km/sです（②'）。スイングバイでこの方向を変え、木星の速さ13.0km/sに上乗せすれば、最終的に24.3km/sの速さを得ることができます。この速さは太陽系を脱出できる速さなのです。

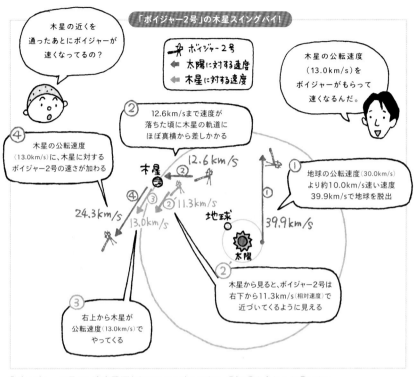

「ボイジャー 2号」の速度履歴｜木星スイングバイ後に、②'と③を合わせた④になる。

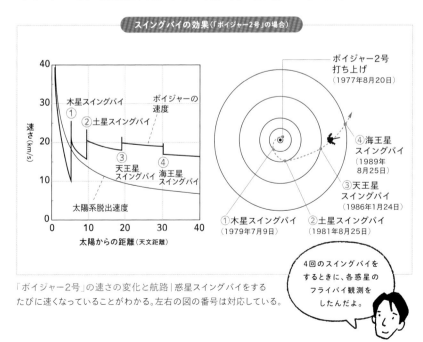

「ボイジャー2号」の速さの変化と航路｜惑星スイングバイをする
たびに速くなっていることがわかる。左右の図の番号は対応している。

4章
宇宙はどこまで行ける？

惑星軌道から離れ、自由な道筋へ

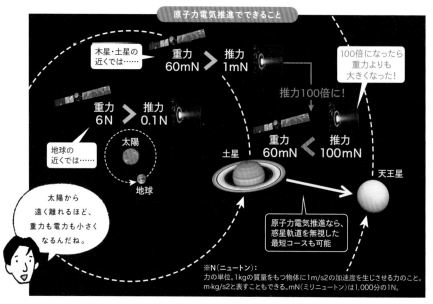

惑星軌道を気にしない航路を進める｜土星付近に行くと、電気推進の力が重力よりも大きい状態になり、太陽の重力に左右されない自由な探査が可能になってくる。

最後に、太陽系から旅立つための未来の方法を紹介しましょう。スイングバイと原子力とを組み合わせるのです。ただ、先ほどの原子力電池ではありません。たくさんの電力を取り出すために連鎖反応を利用した原子炉です。つまり、宇宙に原子力発電所を持っていき、イオンエンジンなどの電気推進を動かすのです。さらに、スイングバイと組み合わせて、この原子炉を数十年動かせば、太陽系をこれまでにない速さで脱出することも可能です。

小型高速炉4S｜炉心の直径1m、30年の燃料交換不要をめざした設計（©東芝エネルギーシステムズ〔株〕）。

探査機「ジュノー」が
撮影した木星の南極
高度5万2,000kmから見た
木星の南極。美しいマーブル
模様は雲の流れによるもの。
さまざまな渦がうごめく魅
惑的な姿を見せる（©NASA /
JPL-Caltech / SwRI / MSSS /
Gabriel Fiset）。

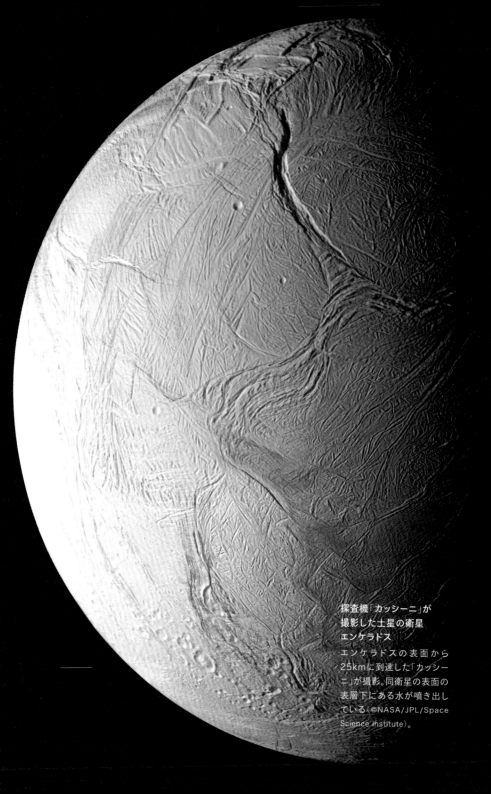

探査機「カッシーニ」が
撮影した土星の衛星
エンケラドス

エンケラドスの表面から
25kmに到達した「カッシー
ニ」が撮影。同衛星の表面の
表層下にある水が噴き出し
ている（©NASA/JPL/Space
Science Institute）。

5章

宇宙と人間のこれから

いまこの瞬間、宇宙にいる人類は「国際宇宙ステーション(ISS)」に搭乗する6名ほどの宇宙飛行士のみです。しかし近い将来、宇宙旅行が始まると、宇宙を訪れる人は格段に多くなるでしょう。また、超小型衛星の時代になるにつれ、宇宙開発の流れが変わります。すでに、さまざまな分野の新しいプレイヤーが宇宙開発に参加し始めているのです。「宇宙で働く」時代の到来です。

宇宙飛行士に
あこがれちゃう!

わくわく

1
時間目

宇宙ではたらく という未来

月や火星をはじめ、地球から遠く離れた宇宙へ人工衛星を飛ばしたり、将来、有人探査をするときに月を拠点にしたりするというお話をしました（p.109）。ここでは、私たち人間が地球を飛び出して、宇宙で働く計画について見ていきましょう。

ボクも働けるかな？

 ## いつも月の近くに1,000人が働く社会

　現在、宇宙にいる人は「国際宇宙ステーション（ISS）」に滞在する6名ほどの宇宙飛行士だけです。ここでは、1,000人規模の人々が宇宙で暮らす未来を考えてみましょう。この規模になると、宇宙に人を送り込む理由となる、宇宙だけで独立した経済活動が回る必要があります。経済の中心は宇宙旅行でしょう。ただ、1,000人のうち半分以上は、観光を支える仕事をするために宇宙にいる人たちでしょうか。観光客が宿泊するのは、世界中で数百人のみ滞在できる超高級リゾート（p.13）。あらゆる面において、現在のISSに比べかなり豪華で大規模な設備が必要そうです。

　未来の宇宙活動の最大の壁は、地上から「地球低軌道（LEO）」への打ち上げです。LEOから月付近への移動は、比較的少ないエネルギーでできるので、月の資源採掘（p.111）が鍵です。つまり、宇宙船の建造と推進剤は月の資源を使うのです。活動拠点は、「静止軌道（GEO）」か「地球−月

ラグランジュ点（EML）」でしょう。地球からは人、有機物、精密部品を、月からは水と無機物を絶え間なく輸送します。宇宙で使うものを月面上でつくりロケットに載せる徒労を考えると、宇宙船は軌道上でつくり、修理も軌道上で実施します。活動が大きくなるほど、「スペースデブリ（宇宙ゴミ）」の問題は深刻になるため、デブリ除去船も飛んでいます。このように軌道間輸送が多いと、推進剤ステーションや宇宙交通整理の需要も出てきます。GPSや通信網を月圏まで広げる必要も出てくるでしょう。

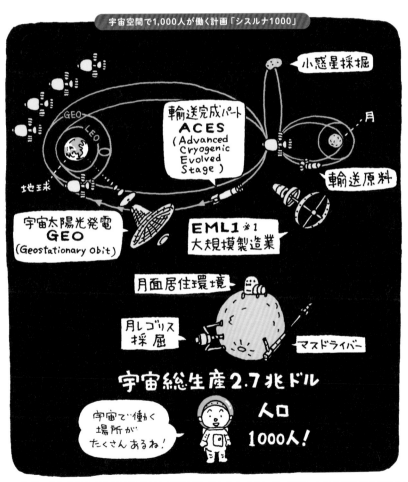

30年後は"宇宙総生産"が270兆円に!? | 30年間にわたり少しずつ宇宙にいる人数を増やす計画
（出典：United Launch Alliance資料をもとに作成）。

5章　宇宙と人間のこれから

月の水に期待する次世代ロケット

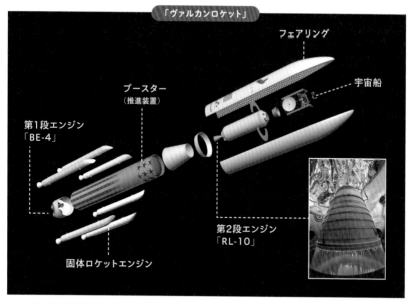

「ヴァルカンロケット」

フェアリング

宇宙船

ブースター
（推進装置）

第1段エンジン
「BE-4」

第2段エンジン
「RL-10」

固体ロケットエンジン

アメリカの次期基幹ロケット｜第2段エンジン「RL-10」を担当するのは、スペースシャトルのメインエンジン（水素と酸素）をつくってきた企業（©ULA、©NASA）。

地球・月圏における「水」推進剤の利用を見越して開発されている新型ロケットが「ヴァルカンロケット」です。第1段のエンジンはブルー・オリジンが新たに開発した「BE-4」で、天然ガスと酸素を使います。第2段エンジンは、老舗のエアロジェット・ロケットダインの提供する「RL-10」。これは、水素と酸素による高性能エンジンの技術を使い、将来的に極低温の水素を長期間保存できる発展型にして、宇宙空間における地球と月の往復船に採用する計画です。

液体燃料エンジン「BE-4」｜（上）燃焼試験の様子。（下）超音速流に特有の衝撃波、ショックダイヤモンドが見られる（©Blue Origin）。

地球から直接火星をめざす次世代宇宙船

「スターシップシステム」

スターシップは宇宙船で、ロケットの第2段としての機能ももっているよ。

全長120m！
地球低軌道(LEO)に100tの荷物を運べる!!

100m走のコースより長いの!?

有人火星探査をめざす大型宇宙船｜再利用可能な大型ロケット「スターシップ」試験機。第1段ロケット「スーパーヘビー」と合わせて全長120mになる(©SpaceX)。

「ファルコン9」の実績と再利用技術を獲得したスペースXが、次に目論むロケットが超大型の「スターシップシステム」。2021年現在、絶賛試験中です。大型エンジン「ラプター」を37基搭載した第1段「スーパーヘビー」と、同じラプターを6基搭載した第2段「スターシップ」からなります。この船の目的は有人火星探査で、地球から直接火星をめざします。地球低軌道(LEO)に100tもの荷物を運ぶ能力は、月面基地や宇宙工場の建設にも威力を発揮するでしょう。

開発中の大型エンジン「ラプター」｜メタンと酸素で駆動する新型エンジン。火星で調達したメタンを利用することを想定している(©SpaceX)。

月や小惑星の採掘「スペースマイニング」

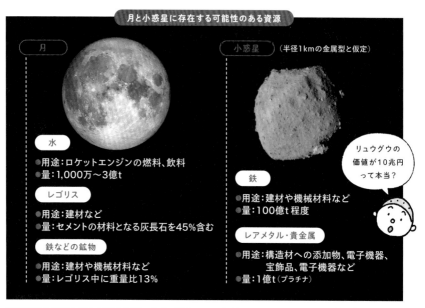

月と小惑星に存在する可能性のある資源

月

小惑星 （半径1kmの金属型と仮定）

リュウグウの価値が10兆円って本当？

水
- 用途：ロケットエンジンの燃料、飲料
- 量：1,000万～3億t

レゴリス
- 用途：建材など
- 量：セメントの材料となる灰長石を45%含む

鉄などの鉱物
- 用途：建材や機械材料など
- 量：レゴリス中に重量比13%

鉄
- 用途：建材や機械材料など
- 量：100億t程度

レアメタル・貴金属
- 用途：構造材への添加物、電子機器、宝飾品、電子機器など
- 量：1億t（プラチナ）

資源とその用途と量 | 小惑星のデータベース「Asterank」（https://www.asterank.com）によると、2021年6月現在でリュウグウの価値は約10兆円とされている（©JAXA、©東京大学）。

　宇宙で独立した経済活動を続けるには、宇宙の中でも特に月の資源採掘「スペースマイニング」が必要です。水の存在（p.101）と3Dプリンタ（p.111）の活用にはすでに焦点を当てましたが、実際に行うとなるとたくさんのモノ・コトが必要になり、宇宙で働くチャンスが増えそうです。

　最初に必要なのは、月面資源のマッピング。いい加減に掘ってもたぶん何も見つからないからです。月軌道にいる衛星と共に、月面を進み、穴を掘って調査するローバーがデータを集める必要があります。その際、通信、GPS、エネルギー供給といったインフラは不可欠です。特に、月の夜は長い（約半月）ため、その間の対策は重要です。

　場所がわかったら堀り進めます。水の量はごくわずかなので、大量の砂を処理します。露天掘りで掘り出した砂は、水を抽出すると共に種類やサイズごとに仕分けして、さらに3Dプリンタに使うモノ、セメント

に混ぜるモノ、還元して金属や酸素を取り出すモノ等に分けます。これらの資材をもとに月面での建築物や構造物をつくります。

　採掘した水の多くは、水素と酸素に分解して、やがてはロケットエンジンの推進剤に使います。ただし、水素は極低温にしなければ容積がかさみ、加えて漏れやすい性質なので、貯蔵には向いていません。貯蔵は液体の水で行い、使用する直前に電気分解で分離します。月面打ち上げに利用する推進剤以外は、すべて軌道上での電気分解になるはずです。また、月面から資材を打ち上げる際は、ロケットエンジンではなくレールガン（高速で弾を射出する装置）も有効な方法です。地球に比べると、必要な速度は小さく、無人の資材打ち上げであれば大きな加速度になっても問題にならないためです。

> 日本の企業も月面ローバーを開発しているよ。そのローバーで得た情報を各機関に売ることもできるんだ。

月の資源を利用した月面の建築物

月レゴリス（地表の堆積物）の活用例（構想）｜月面で水を求めて採掘された大量の砂は、水を抽出した後に種類やサイズごとに仕分けられる。それらの資材をもとに月面での建築物や構造物をつくる（©Contour Crafting and University of Southern California）。

手のひらの上の宇宙「超小型衛星」

スケールの大きな宇宙へ行って何かをするとき、大きなロケットや宇宙機が必要だと思っていませんか? 実は近年、とても小さな「超小型衛星」が宇宙を飛び始めています。大きな人工衛星に比べてたくさん打ち上げられるので、海外では中学生もチャレンジしています。

> ボクが持てるくらい小さいの?

遊びから研究、そして産業へ

筆者が開発した小型エンジン｜（上）イオンエンジンと直径約2cmのコイン。（下）姿勢制御用の超小型ガスエンジン（©東京大学）。

「はやぶさ」での帰還で一躍有名になったイオンエンジンについて、3章4時間目では「電気推進」の1つとして紹介しました（p.97）。電気推進を積んだオール電化衛星は軽量化につながり、超小型衛星にも適しています。超小型衛星とは100kg以下のサイズで、小さいものは1kgほど。小さい分、打ち上げ費用が安く、開発期間も短くなるので、挑戦しやすく、「価値ある失敗」を繰り返して技術力を高められます。さらに研究を進めたり、宇宙に関わる仕事が増えることにつながります。

ビジネスチャンスにあふれた分野に

　超小型衛星に搭載する小型イオンエンジンは、私の研究テーマの1つです。2014年に「H2Aロケット」で打ち上げた、65kgの超小型衛星「プロキオン」では、地球から数百万km離れた「深宇宙」で小型エンジンを世界ではじめて作動させました。この宇宙作動を報告した論文は国際学会で最優秀論文賞を受賞したのです。ただ、この業績はすでに"過去のもの"。2018年にNASAの14kgの超小型衛星「マルコ」（p.148）は火星フライバイの軌道調整にガスエンジンを使用するなど、その可能性は広がるばかりです。

　こうした新しい超小型衛星開発の流れを受けて、毎夏、アメリカで開催される小型衛星業界最大の会議「スモール・サテライト・カンファレンス」への参加社数は増え続けています。

超小型深宇宙探査機「プロキオン」

搭載した超小型の
イオンエンジンと
ガスエンジンを使うと、
衛星自体で軌道を
変えられるんだ。

Credit: NAOJ/ESA/Go Miyazaki

小惑星をめざして深宇宙を飛ぶ（想像図）｜東京大学とJAXAが協力してつくった「プロキオン」は、「はやぶさ2」の「H2Aロケット」に小型副衛星として相乗りで打ち上げられた（©NAOJ /ESA /Go Miyazaki）。

5章
宇宙と人間のこれから

キューブを組み合わせた「乗り合いロケット」

1Uキューブサット

左) 1辺10cmの立方体 | 1つを単位1Uとする。重さは1kgほど。黒い部分は太陽電池(©NASA)。

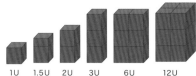

1U　1.5U　2U　3U　6U　12U

キューブサットの種類 | サイズの標準化で開発コストが下がり、キットを販売する企業も生まれた(©NASA)。

1.5Uキューブサット「EDSN」

ルービック
キューブ
みたいだね。

8つで機能するタイプ | 商業および科学的な研究目的で高度400kmの軌道に8基まとめて投入された(©NASA)。

6Uキューブサット「MarCO(マルコ)」

火星探査機「インサイト」と連携 | 2018年に火星に到着。キューブサットとしてはじめて深宇宙での作動に成功(©NASA)。

　新しい宇宙開発の時代を切り開く超小型衛星の象徴的な存在が、1辺が10cmの立方体型宇宙機「キューブサット」です。立方体1つを単位「1U」として標準化し、それまで企業や研究所それぞれにオリジナルの設計が基本だった宇宙開発の世界に、標準規格を持ち込んだ画期的な宇宙機です。小さいので開発コストも下がり、他機関のキューブサットとの乗り合いも可能なので、1Uあたり数百万円で打ち上げることができます。この価格ならば、大学や一般的な企業でも手が届きます。ちなみに、世界ではじめて宇宙作動を成功させたキューブサットは、2003年に打ち上げられて稼働中の、東京大学の「XI-IV」(p.99)です。

水エンジンで月のラグランジュ点へ!

超小型探査機「EQUULEUS(エクレウス)」

月の裏側にあるラグランジュ点(EML2)をめざす | 超小型の水エンジン「アクエリアス」を軌道と姿勢の制御に使い、太陽−地球−月圏での軌道操作技術の確立に挑む(©JAXA、©NASA、©東京大学、著者作成)。

　宇宙機のエンジンが水で動くといったら驚くでしょうか。水は簡単に入手でき、取り扱いやすいので、誰でもどこでも使いやすいのが特徴です。私たちのチームは、気化させた水を加熱しながら排出して推進力を得る新しいタイプのエンジン、超小型「水」レジストジェット推進システム「アクエリアス」を開発しました(p.152)。このエンジンを積んだ6Uサイズの超小型探査機「エクレウス」は、2021年にNASAのSLS(p.61)で打ち上げ予定。目的地は月です。

水エンジン「アクエリアス」 | 気化させた水を加熱しながら排出して「エクレウス」の軌道と姿勢を制御する(©東京大学)。

この小さなエンジンをつくるベンチャー企業をつくったよ。詳しくは次の時間に!

ベンチャー企業が担う宇宙の未来

2時間目で、水で動く小さな宇宙機用エンジンをつくった話をしました。この画期的なエンジンについてさらに研究を続けながら、もっと広く使ってもらうことをめざして、ベンチャー企業を立ち上げました。メンバーは、私の研究室にいた頼もしい若手たちです。

コイズミ博士が会社をつくったの？

もっと宇宙が身近な社会に！

　超小型衛星の魅力についてお話してきましたが、その利用は始まったばかりで未熟なままです。もっと宇宙を身近に利用できる社会のためには何が必要でしょうか。これは複合的な問題であり、何か1つを解決すればすべてが上手くいくものではありません。ただ、それでも、もっとも大きな課題として3つ挙げるなら、「品質」「通信」「エンジン」です。

　まず、いまの超小型衛星の成功率は低いことが問題です。リスクを許容できる点が利点ですが、失敗ばかりではとても使えません。「安い、早い」を保ちつつ、品質を高めることが必須です。次に、衛星を操るために不可欠な通信ですが、これには法律が絡みます。電波の発信には、国内外問わず許可が必要です。しかし、この手続きが煩雑かつ見通しが悪く、利用の大きな障害になっています。これが携帯電話の契約程度の手間で済むようになると、超小型衛星の利用が大きく進むはずです。

超小型衛星のできることを左右する「エンジン」

　超小型衛星は、他の大型・小型衛星と相乗りすることで打ち上げ費用を抑えます。しかし、これは停留所の決まったバスに乗るようなもので、ピンポイントで目的地に行けません。そのため、停留所を降りた後の足としてエンジンを使います。また、目的地にたどりついても、大気、月や太陽の重力、太陽光の力などを受け、軌道は徐々にズレていきます。これを修正するのもエンジンです。また、人工衛星を使い終わったら、きちんと「捨てる」必要があり、その際もエンジンは欠かせません。

　さらに、衛星が地球を離れて月や惑星探査を行う場合、探査機の回転の勢いを制御するのにエンジンが必要です。これまで、超小型衛星はエンジンを載せる余裕がなく、これらのことがすべてできない状態でしたが、今後は絶対に必要なものになります。

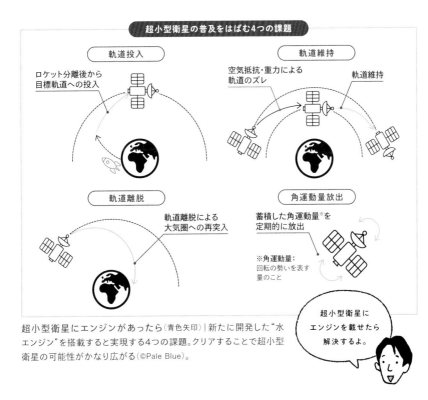

超小型衛星にエンジンがあったら（青色矢印）｜新たに開発した"水エンジン"を搭載すると実現する4つの課題。クリアすることで超小型衛星の可能性がかなり広がる（©Pale Blue）。

小さなエンジンがつくる素敵な未来

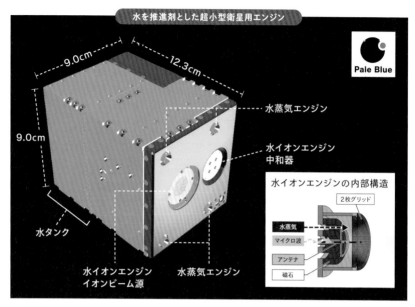

水を推進剤とした超小型衛星用エンジン

Pale Blue

9.0cm

12.3cm

9.0cm

水蒸気エンジン

水イオンエンジン
中和器

水タンク

水イオンエンジン
イオンビーム源

水蒸気エンジン

水イオンエンジンの内部構造

2枚グリッド

水蒸気

マイクロ波

アンテナ

磁石

小型統合エンジンの3D-CAD図｜JAXAの「革新的衛星技術実証3号機」に搭載予定の、水蒸気エンジンと水イオンエンジンの統合エンジン。右下の図は水イオンエンジンの内部構造（©Pale Blue）。

　宇宙機に不可欠なエンジン。私の研究室を含めて大学での研究と開発は、その可能性を示すものですが、今後求められるたくさんのエンジンの供給には向いていません。そこで、共にエンジンの研究開発を成し遂げてきた学生たちと、小型エンジンを開発販売するベンチャー企業「Pale Blue」を2020年に設立しました。当社は、JAXAの宇宙実証プログラムを用いて、2022年に水蒸気エンジンと水イオンエンジンを組み合わせた統合エンジンを宇宙で実証する予定です。

小型水蒸気エンジンを搭載した超小型衛星「AQT-D」｜同衛星は2019年11月20日にISSから放出された（©Pale Blue）。

小さくてすごいんだね！

世界初の技術で宇宙の活躍の場を広げていく

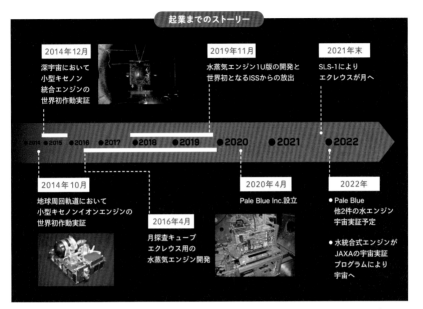

起業までのストーリー

2014年12月
深宇宙において
小型キセノン
統合エンジンの
世界初作動実証

2019年11月
水蒸気エンジン1U版の開発と
世界初となるISSからの放出

2021年末
SLS-1により
エクレウスが月へ

●2014 ●2015 ●2016 ●2017 ●2018 ●2019 ●2020 ●2021 ●2022

2014年10月
地球周回軌道において
小型キセノンイオンエンジンの
世界初作動実証

2016年4月
月探査キューブ
エクレウス用の
水蒸気エンジン開発

2020年4月
Pale Blue Inc.設立

2022年
● Pale Blue
他2件の水エンジン
宇宙実証予定

● 水統合式エンジンが
JAXAの宇宙実証
プログラムにより
宇宙へ

世界に認められた実績｜創業メンバーは大学での研究を含めて、これまでに数々の小型エンジンの研究開発と宇宙実証を行い、この分野を世界的にリードしてきた（©Pale Blue）。

「Pale Blue」はできたての企業ですが、すでに複数の宇宙プロジェクトを抱え、人数や実施規模がすごいスピードで大きくなっています。大学の研究室で10年かかるものが、2年で済むと言って良いでしょう。大学では教育と研究が主役であり、加えて膨大なその他学内業務と決まり事のため、なかなか自由には動けません。その点、ベンチャー企業は目的のためにつくられた集団なので、その力のすべてを目的のために使えることが大きな違いです。

宇宙を舞台に
働くって
面白いよ！

ベンチャー企業「Pale Blue」創業メンバー｜左から中川悠一、柳沼和也、浅川純（CEO）。そして右端が著者のコイズミ博士（©Pale Blue）。

Space Album

**ISSから放出された
キューブサット**

もともと学生が経験を積む
ために考案された、小さくて
安価な超小型衛星キューブ
サットは、宇宙開発の現場で
急速に存在感を増している。
大型コンピューターから小
型のパソコンに代わり、イン
ターネットの時代が来たよ
うに、衛星も大型から小型
化が進み、ビジネス利用が
活発になっている(©NASA)。

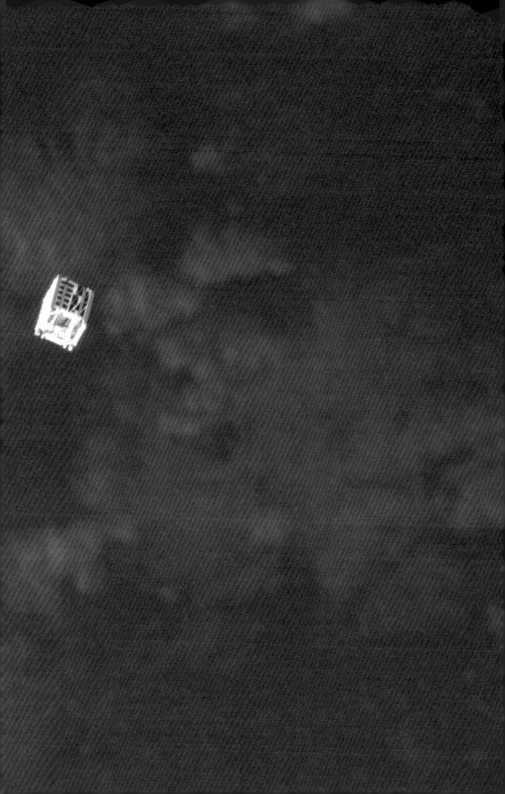

おわりに

　自身にとって2冊目の本を完成できたことは実に感慨深いですが、到底、私だけの力ではありません。編集者の畠山氏がいなければ、本書は影も形もありませんでした。心強いチームをまとめて本書の核である構成から写真選定などを仕上げていただき、あとは私がひたすら執筆します。さながら、騎手と競走馬でしょうか。こうして素晴らしい本へ仕上がったことを大変に嬉しく思います。

　執筆にあたり情報を集めていると、時代の変化の速さを実感します。スペースXの動きは相変わらずぶっ飛んでいますが、ベンチャー企業の活躍や他業種からの参入の多さ・速さに驚かされます。特に私のまわりで言えば、研究室で博士を取得した学生たちが株式会社Pale Blueを設立させたことは大きな変化です。私が大学で進めたチーム作り・プロジェクト開発を10倍速で進めているかのようです。研究室のほうも、スタッフおよび学生たちが自律的に動き、ある種の定常サイクルの様相を感じさせます。私の役割が飲み会と進路相談のみにならないか、一抹の不安すら感じます。彼らのこれほどまでの頼もしい成長こそが、私が本書を完成できた最大の要因です。やはり、前著と同じく、増刷されるたびに彼らを飲みにつれていくことにします。

　さて、子供たちへ贈った前著『宇宙はどこまで行けるか』はいまだ開かれた姿を目にしません。一方、ビジュアルたっぷりの本書は子供たちにも早々に開かれ、宇宙好きの妻にも気に入られ、家族の絆を固める一助となるでしょう。いつも自由に動く私を優しく見守ってくれる妻に、本書を捧げます。

著者紹介

小泉 宏之（こいずみ　ひろゆき）

1977年東京都生まれ。2002年東京大学大学院工学系研究科航空宇宙工学専攻修了。2006年博士（工学）（東京大学・論文博士）。2003年同大学大学院研究科助手。2007年JAXA宇宙科学研究所助教、2011年東京大学大学院工学系研究科准教授などを経て、2015年より同大学大学院新領域創成科学研究科准教授。「はやぶさ」イオンエンジン運用および帰還時のカプセル回収隊の本部班としてオーストラリアでの回収に従事。小型衛星に用いるイオンエンジンなど推進系の世界最小クラス開発のトップランナー。小型衛星プロジェクトやベンチャー企業における開発にも携わる。

参考文献

【 日本語文献 】

● 小泉宏之『宇宙はどこまで行けるか：ロケットエンジンの実力と未来』(中公新書、2018年)
● 的川泰宣『宇宙飛行の父 ツィオルコフスキー：人類が宇宙へ行くまで』(勉誠出版、2017年)
● フィリップ・セゲラ(2009年)『宇宙探査機』(川口淳一郎監修、吉田恒雄訳、飛鳥新社、2013年)
● ロジャー・D・ローニアス(2018年)『宇宙探査の歴史』(柴田浩一訳、2020年)
●『ビジュアル大図鑑 宇宙探査の基本がわかる本』(エイ出版社、2020年)

【 外国語文献 】

● Ernst Stuhlinger, Ion Propulsion for Space Flight, McGraw-Hill, 1964
● E. Y. Choueiri, A Critical History of Electric Propulsion: The First 50 Years (1906–1956), *Journal of Propulsion and Power*, Vol. 20, No. 2, 2004
● George P. Sutton, History of Liquid Propellant Rocket Engines, AIAA, 2005
● Topics of the Times, *The New York Times*, 13 January, 1920

【 ウェブ文献 】

●「スペースX ファルコン9」https://www.spacex.com/vehicles/falcon-9
●「みちびき(準天頂衛星システム)」https://qzss.go.jp
●「宙畑 SORABATAKE」https://sorabatake.jp
● NASA selects Axiom Space to build commercial space station module, *SpaceNews*, 28 January, 2020, https://spacenews.com/nasa-selects-axiom-space-to-build-commercial-space-station-module
● With Block 5, SpaceX to increase launch cadence and lower prices, *NASASpaceFlight.com*, https://www.nasaspaceflight.com/2018/05/block-5-spacex-increase-launch-cadence-lower-prices
● SPACEX: ELON MUSK BREAKS DOWN THE COST OF REUSABLE ROCKETS, *Inverse*, https://www.inverse.com/innovation/spacex-elon-musk-falcon-9-economics

そのほか、多数の論文・書籍・ウェブサイトを参考にしました。

スタッフ

企画・編集	畠山泰英（株式会社キウイラボ）	制作協力	株式会社アマナ
イラスト	三木謙次	編集	杉本律美
デザイン	西田美千子	副編集長	本田拓也
図版制作	株式会社イマジカデジタルスケープ	編集長	山内悠之

INDEX

本書のご感想をぜひお寄せください

https://book.impress.co.jp/books/1120101108

読者登録サービス **CLUB impress**

アンケート回答者の中から、抽選で図書カード（1,000円分）
などを毎月プレゼント。
当選者の発表は賞品の発送をもって代えさせていただきます。
※プレゼントの賞品は変更になる場合があります。

■ 商品に関する問い合わせ先

このたびは弊社商品をご購入いただきありがとうございます。本書の内容などに関するお問い合わせは、
下記のURLまたはQRコードにある問い合わせフォームからお送りください。

https://book.impress.co.jp/info/

上記フォームがご利用頂けない場合のメールでの問い合わせ先

info@impress.co.jp

※お問い合わせの際は、書名、ISBN、お名前、お電話番号、メールアドレス に加えて、「該当するページ」と「具体的なご質問内容」
　「お使いの動作環境」を必ずご明記ください。なお、本書の範囲を超えるご質問にはお答えできないのでご了承ください。

● 電話やFAX でのご質問には対応しておりません。また、封書でのお問い合わせは回答までに日数をいただく場合があります。
　あらかじめご了承ください。
● インプレスブックスの本書情報ページ　https://book.impress.co.jp/books/1120101108 では、本書のサポート情報や
　正誤表・訂正情報などを提供しています。あわせてご確認ください。
● 本書の奥付に記載されている初版発行日から3 年が経過した場合、もしくは本書で紹介している製品やサービスについて
　提供会社によるサポートが終了した場合はご質問にお答えできない場合があります。

■ 落丁・乱丁本などの問い合わせ先

TEL　03-6837-5016
FAX　03-6837-5023
service@impress.co.jp
（受付時間／10:00-12:00、13:00-17:30 土日祝祭日を除く）
※古書店で購入されたものについてはお取り替えできません。

■ 書店／販売会社からのご注文窓口

株式会社インプレス 受注センター
TEL　048-449-8040
FAX　048-449-8041
株式会社インプレス 出版営業部
TEL　03-6837-4635

人類がもっと遠い宇宙へ行くためのロケット入門

2021年7月21日　初版第1刷発行

著　者　小泉宏之
発行人　小川 亨
編集人　高橋隆志
発行所　株式会社インプレス
　　　　〒101-0051　東京都千代田区神田神保町一丁目105番地
　　　　ホームページ　https://book.impress.co.jp/

印刷所　図書印刷株式会社
ISBN978-4-295-01171-2　C0044
Printed in Japan